# 真珠湾諜報戦秘録

GHOSTS OF HONOLULU

日本軍スパイと
アメリカ軍日系人情報部員の
知られざるたたかい

マーク・ハーモン
レオン・キャロル・ジュニア
MARK HARMON & LEON CARROLL, JR.
ヤナガワ智予 訳

原書房

# 真珠湾諜報戦秘録

日本軍スパイとアメリカ軍日系人情報部員の知られざるたたかい

# 目次

# はじめに

海軍犯罪捜査局（ＮＣＩＳ）は私たちにとって特別な存在である。そのためＮＣＩＳをリアルに表現する義務があるのだと、私たちは常々感じてきた。グーグルで「ＮＣＩＳ」を検索した際、最初に表示される十数件が私たちの番組（『ＮＣＩＳ～ネイビー犯罪捜査班』）に関連するサイトなのを見れば、その責任を痛感せずにはいられない。出演者も制作スタッフも、制服や武器のディテールから専門用語にいたるまで、ＮＣＩＳをより正確に再現するために最善を尽くしている。それは、ＮＣＩＳで実際に働く本物の捜査官、分析官、サポートスタッフの方々に対し、敬意を表したいからだ。

これからの数年間、私たちはこれと同じ献身を、ＮＣＩＳのルーツと、今日のＮＣＩＳの礎を築きながらも忘れ去られた人たちのことを知るために注ぐつもりだ。語られるべき物語はたくさんある。影に身を置き、重要な事件に人知れず立ち向かった男たち女たちの真実の物語だ。本書は、栄光よりも水面下で国家を支えることを選んだ人々の、秘密の歴史をたどる旅の一幕なのである。

この本は、私たちのハワイへの憧れとNCIS史への愛から誕生した。ここで語られるのは、一九四一年の真珠湾攻撃が起きる前、当日、そしてその後のホノルルの、多くは語られてこなかった隠れた歴史を、主にダグラス和田《わだ》という海軍情報局特別捜査員の目を通して描いた実話だ。

読者の皆さんは、ホノルルの歴史と一九九〇年代に入るまで存在していなかったNCISがどうつながるのか、疑問に思うかもしれない。しかし、その成り立ちを紐解くには、第二次世界大戦の話から始めるのがふさわしい。一九三九年、フランクリン・ローズヴェルト大統領が、国内におけるスパイ行為や破壊工作などの脅威を調査するよう海軍に命じたことで、のちにNCISへと成長する種が蒔かれていく。

NCISのルーツがもっと古くまで遡れることを知る人もいるだろう。一八八二年、海軍情報局（ONI）という機関が、海軍省一般命令二九二号により創設され、外国船舶に関する情報の収集や、外国水域の海図の作成、海外の防衛および産業施設の偵察などを担うようになった。海軍情報局は第一次世界大戦中、活動の幅をスパイ捜査にも広げ、一九一六年にはニューヨークで隠密作戦を展開している。しかし、大戦終結後に、作戦部隊のほとんどは解体された。大日本帝国が台頭し戦争の危機が迫ってくると、海軍は対スパイ活動の重要性を再認識する。

ローズヴェルト大統領は一九三九年、サボタージュ、スパイ活動、破壊工作に関連する海軍の事案の捜査を海軍情報局に任せるよう指示し、犯罪捜査に特化した組織の編成を再び議題に上げた。そして、その中核を民間人に担わせようと考えた。一九四〇年に、予備役が海軍情報部（ＮＩＳ）の任務に招集され始める（「海軍情報部」は、海軍情報局全体と海軍作戦部長室の一部のほか、海軍基地や海上の軍艦にいる捜査官の所属機関全体を指す名称）。彼らの存在価値の高さは、すぐに証明された。一九四三年だけでも、ＮＩＳの捜査官は九万七〇〇〇件の事件を扱っている。

本書の最後（付録Ａ）でも説明するように、ＮＣＩＳは海軍情報部から派生した。つまり、現代のＮＣＩＳの根幹には、かつての海軍防諜員たちの第二次世界大戦での経験が蓄積されているというわけだ。そして、ホノルルの宮大工の息子であり、海軍の予備役であり、戦時中にハワイ、本土問わず海軍情報局の内部で勤務した唯一の日系アメリカ人であるダグラス和田ほど、戦争とその影響について独特な見解を持つ人物はいないだろう。

ＮＣＩＳのテレビシリーズは、刑事・捜査官ものの犯罪ドラマらしく、主に死亡事件の捜査に焦点が当てられている。しかし、本来のＮＣＩＳは殺人捜査以外にも、本書が取り上げるような防諜活動や対スパイ作戦なども行っている。ＮＣＩＳがいかにして国内の防諜活動に関わるようになったのか、その答えは「真珠湾」にあった。影でしか語られてこなかった真実の物語は、この三文字で表すにはあまりに複雑である。

時代特有の難事件に立ち向かう現代のＮＣＩＳ捜査官にとって、この物語が士気を湧き立たせる、読み応えのあるエンターテインメントになるよう願うばかりだ。そして、覚えておいてほしい。あなたがたの静かなる仕事には、大きな意義があり、忘れ去られたりはしないということを。

マーク・ハーモン、レオン・キャロル

二〇二三年四月

# プロローグ

## ホノルル、ダイヤモンドヘッド・ビーチ
## 一九四一年一二月七日

「あれは何だ⁉」ダグラス和田は、崖の向こうの空に渦を巻いて立ちのぼる煙を見ていた。「サトウキビ畑の火入れにしては、煙が黒すぎやしないか？」

日曜日の朝だ。和田にとって、それは釣りの時間である。三〇歳の和田は、いつもは妻のヘレンと一緒に釣りに行くが、今日は日系人街として知られるパラマ地区の友人二人を誘っていた。三人は、オアフ島南端の岩盤地帯にあるダイヤモンドヘッド・ビーチの波際で、磯釣りを始めようとしているところだ。ここはビーチというより、波に浸食された砂岩の上に堆積した砂が、幅のまばらなリボン状に続いているだけである。海岸線は、切り立った崖で行き止まる。崖は鬱蒼と茂る木々に覆われ、時折ニョキッと太いヤシの木が突き出していた。この高台には一八九九年に建てられた灯台があり、ビーチからこの沿岸警備隊の要塞とてっぺんのフレネルレンズ、灯台

守の宿舎がよく見えて、まるで絵葉書のような良い景色だ[1]（この灯台は当時、沿岸警備隊が駐屯地にしていた）。ホノルルで生まれ育った和田は、最高の釣り場を知り尽くしている。街から離れ、人気《ひとけ》も少ないこのスポットは、日曜の晴れた朝の釣り人にとって、まさに楽園。それに、ダウンタウンの和田の自宅から、愛車シボレーで楽に来られる。

しかし今、三人は針に餌をつける手を止め、謎の煙を見つめている。「爆撃訓練か何かかな？」友人の一人が呟いた。「実弾を打ってる」

一番近い軍事施設は、ベロウズ・フィールドの航空基地だ。飛行機が墜落したのだろうか？　だが和田は、そうではない気がして、煙が濃くなっていくのを黙って見つめた。

突然、崖の上から大声がした。灯台の管理人が、パニックになりながらビーチへ駆け降りてきたのだ（沿岸警備隊の無線技士メルヴィン・ベルは、この灯台から、民間船舶に向けてオアフ島の港へ近づかないよう必死に警告を出していた）。

「あんたら、知らないのか？　戦争だぞ！」灯台守の男は、声が届く位置まで来ると叫んだ。彼は、爆撃が始まって数分というときに、自分のいる灯台付近で日本人の男三人に出くわすとは思わず驚いていた。

和田は海軍の身分証を取り出して男に見せた。バッジを見ただけではわからないが、和田はホノルルのダウンタウンにある海軍情報局に勤めている。真珠湾に入港する日本船舶の監視といった潜入捜査の経験も積んだが、最近の得意分野は翻訳と分析である。日頃は盗聴した電話の会話、傍受した無線通信、地元邦字新聞、窃取した文書などの翻訳のほかに、取調室で尋問対象者の通訳もしている。

「戦争って、どういうことですか?」和田は灯台守に聞き返した。「私は何も聞かされていません」

男が北西の方向を指差した。「基地が攻撃されている。あんたは戻ったほうがいい。今すぐにだ」

こうして、アメリカで唯一の日系海軍諜報員ダグラス和田は、日本が真珠湾の海軍基地に奇襲爆撃を仕掛けたことを知ったのだった。[2]

第一章　ホノルルの少年

## ホノルルの少年

ホノルル、マウナケア通り
一九二二年一二月五日

和田和正《かずまさ》は、安定したリズムで自転車のペダルを踏み込む。一四歳のその足で、最大限の馬力を得ようと必死だ。ホノルルでは自転車にさえ乗れれば、絶景が広がる美しい砂浜も、お気に入りの海釣りスポットも、どこにでも行ける。でも今日は、近くにある日本語学校の三時からの授業に間に合わせなくてはならない。ベレタニア通りに差し掛かっても、自転車はスピードをぐんぐん上げていく。[1]

石油タンクローリーを運転するJ・W・ラムが、マウナケア通りからベレタニア通りへ曲がろうとハンドルを切ったとき、助手席のクリントン・キャロルが声を上げた。「危ない！」

交差点に飛び込んで来る自転車に子供の姿が。減速する気配がない。ラムはクラクションを叩いた。フロントグリルがぶつかる瞬間まで少年の足がペダルを回し続けていたことを、ラムはのちに思い返す。[2]

負傷して路上に横たわる和正を病院に運んだのは、居合わせた別の車のドライバーだった。和正はその日のうちに亡くなり、家族は悲しみに暮れた。一一歳の弟、ダグラス（和田智男《としお》ダグラス）は、その後何日も体調を崩している。二人はとても仲の良い兄弟で、いつも一緒に自転車で島じゅうを探検していた。[3]

亡くなった少年の両親、和田久吉《ひさきち》とチヨにとっても、心を押しつぶされるとんでもない悲劇だった。日本からハワイへやってきた一〇万人を超える移民の大半とは異なり、久吉一家はサトウキビの大農園《プランテーション》で働いてはいない。[4] 久吉は、銀行家のサミュエル・ミルズ・デイモンに雇われて、モアナルアガーデンに神社と、茶室を備えた二階建ての伝統的な日本家屋を建てるために、一九〇二年に妻とともに山口県から移住してきたのだ。[5]

久吉は、神社仏閣の建設や修復を手がける宮大工である。鉄が不足していた日本では、建築家や職人たちが、釘などの金属を一切使わず建物を建てる木組みの工法を編み出していた。

宮大工は、一〇〇〇年以上も昔に考案された道具を使っている。押すのではなく引くと切れる薄刃のノコギリや、先細り型《テーパー》の刃が付いたカンナ、そして大昔の巨匠がデザインしたノミの数々などだ。木材のみを使用し、先人が考え出した伝統の道具を使い続け、神仏に捧げる儀式のような神聖ささえ感じる所作で仕事をする宮大工は、日本国内でも敬われ、ハワイに住む何万人もの熱心な仏教徒や神道の信者にとっても貴重な存在となっていた。[6]

久吉は、ハワイの公共交通機関の契約大工として働いていた。ラバ（ロバと馬を掛け合わせた動物）が引く〝馬車〟に依存していた交通網を維持するために、大工仕事が頻繁に必要だったのだ。ロベロ・レーン（Laneは住宅地内の細い路地、または裏路地）にある和田夫妻の自宅には〝馬預かり小屋〟があり、久吉はラバたちの世話をすることでも収入を得ている。チヨは、一九歳の娘イトヨに手伝わせながら、洋裁の仕事をしている。家族の中で最年少なのは、九歳のハナ子である。

和正の死は、和田家みんなの人生を一転させた。彼らは慰謝料などを求めて訴訟を起こし、翌年には一万ドルの賠償金を受け取っている[7]（インフレ率を考慮すると、二〇二三年の価値にして約一七万五〇〇〇ドル、日本円でおよそ二五〇〇万円に相当する）。久吉は一家の居を、ホノルルの中華街に程近い、カパラマ地区のカマ・レーンという日本人が多く住む通りに移すことにした。

この地域は、労働者階級の中国人、先住ハワイ人、韓国人、そしてそれ以上に日本人が多く住む飛び地となっていた。この一帯の暮らしは貧しく住民は生きるのに必死だったが、各家庭の庭や菜園はよく手入れされていたし、商店やダンスホール、診療所などもある。カパラマ地区に関するある調査は、「この地域で商売をしたり住んだりする白人はいない」と報告している。[8]時折酒場や賭博場に現れる〝ハオレ〟[9]（主に米本土の白人を示すハワイ語）を除いて、だが。

和田家の家長、久吉は、カマ・レーン沿いの未開発の土地を定住地に選んだ数世帯の日本人家族に加わった。それぞれの区画には母屋と、その両脇に〝オハナ〟のための離れが建てられている。オハナとは、ハワイ語で強い絆で結ばれた家族や仲間のことだ。こうした居住形態は「キャンプ」と呼ばれている。久吉は、この地に「和田キャンプ」を築きたいと思った。一家は、チヨが経営する日本人客向けの商店を、近所にオープンさせた。

ここホノルルで生まれたダグラスは、自転車や釣りやスポーツに夢中になり、着々とアメリカナイズされている。オアフ島に住む若者が活発なのは当然のことだが、ダグラスは社交的な少年でもあった。カブスカウト（ボーイスカウトの幼年部門）の活動に熱心であるし、一三組《デン》の仲間からも大変慕われている。小柄ながらにサッカーが得意だが、実は野球にこそ自身の素質を感じていた。

マッキンレー・ハイスクール（米ハイスクールは通常八、九年生から一二年生まで（日本の中学二、三年〜高校三年に相当）だが、本書では以降便宜上「高校」と表記する）に通う年頃になると、ダグラスにとって、このスポーツがアイデンティティの拠りどころとなる。マッキンレー校は日系人の生徒が大半を占めていることから、学校内外で「東京高校《トーキョー・ハイ》」と呼ばれている。二塁手としてプレーすることが楽しくなり、車にものめり込み始めたおかげで、勉強への興味は薄らいでいった。

両親は、息子に日本の文化や神道の教えを受け継がせようと、できる限りを尽くしている。[10]アメリカで生まれた日本人移民の子供は〝二世〟と呼ばれ、その親は〝一世〟と呼ばれている。このころ、二世はハワイに住む日系人人口の四分の三を占め、和田久吉をはじめとする多くの一世が危機感を覚えるほど、アメリカの文化や習慣を積極的に取り入れていた。

ハワイの多くの二世同様、ダグラスも週に二日ほど、通常の公立学校が終わったあとに日本語学校に通っている。浄土真宗の西本願寺が運営する学校である。ここでは、日本語の語句や構文だけでなく、本国と同じ授業カリキュラムから日本の伝統や文化にいたるまで、さまざまなことを教えている。

日系人以外の目には、こうした学校は大日本帝国の思想を子供たちに植え付けるための機関と映ったかもしれない。しかし、教師のほとんどは、アメリカで生まれ日本で教育を得た、いわゆる〝帰米《きべい》〟である。生徒たちは、そこが愛国心を育てるのではなく、伝統主義を押し付ける場であることをよく知っていた。[11]

日本語学校の授業は、二世のアメリカナイズの流れに歯止めをかける効果はほとんどなく、それはダグラスに対しても同じだった。年齢を重ねても将来の方向性が定まらない息子の様子に、厳格な両親はますます気を揉むようになる。ダグラスがマッキンレー高校の最終学年に上がった一九二八年、久吉とチヨは西本願寺の助けを借りて、ある行動に出た。

チヨは、「少し早いけど、卒業祝いよ……」と、日本行きの蒸気船の乗船券二枚を見せた。「一緒に即位式を見に行きましょう」

それ以上説明する必要はなかった。一九二六年に大正天皇が崩御し、皇位は皇太子へと受け継がれていた。二年にまたがるいくつかの準備儀式を経て、いよいよ京都御所で即位礼正殿の儀が執り行われるのだ。

元号が昭和となり、皇太子裕仁《ひろひと》親王が天皇陛下となったわけだが、英語圏では諱《いみな》（実名）の「ヒロヒト」（エンペラー・ヒロヒト）と呼ばれることが多い。

神道は日本の建国以前から続く宗教といわれるが、一八〇〇年代後半に政府が神道を国教と定めて以来、天皇崇拝が政治の根幹に置かれるようになった。以降、天皇を現人神《あらひとがみ》と崇めることが、国家行事における形式的な神道儀式以上の意味合いを持つようになる。今や政府は、日本の伝統的な美徳を賛美し、西洋の影響を強硬に排除すると同時に、アジアの近隣諸国をも自国より劣る国とみなしている。日本の領土拡張政策は、国家神道のもとに十字軍的な熱狂を帯び始めており、即位式は政府による天皇の神格化を強調するものでもあった。

和田家にとって、新天皇が即位するのを見に行くのは政治的思想からではなく、宗教的な巡礼である。天皇を神聖な存在と捉える神道信仰者にとって、即位の礼は重大な瞬間なのだ。新天皇の誕生日である四月二九日は、世界中の神道信者や日系人のあいだで祝われるようになり、大勢の人が神社を訪れて翌年の多幸を祈願することだろう。

一九二八年四月六日、〈春洋丸〉の甲板に立ち手を振るダグラスとチヨを、桟橋に集まった五〇人のボーイスカウト仲間の歓声が送り出した。[12] ダグラスは誇らしさで胸が一杯だったが、この先に何が待ち受けているかについては、まるで気にしていなかった。天皇の即位の義が行われるのは、一一月である。両親は、西本願寺が設立した学校にダグラスを留学させる手筈《てはず》を整えていた。観光目的の渡日ではない。本人の気づかぬままに画策された移住なのである。[13]

あとになってそのことを知り、ダグラスはショックを受けたものの、次第に京都という地に魅了されていく。人口がホノルルの倍以上という巨大都市にして、古来の宗教や建造物、そして文化が頑《かたく》なに守られていることに感銘を受けた。なんて興味深い街だろう。二世青年の好奇心は尽きない。[14]港がない京都は、近代産業の弊害を免《まぬが》れている。荘厳な寺院が点在し、曲がりくねった路地には熟練の職人が作る工芸品の店が軒を連ねる。徳川歴代将軍の魂が彷徨《さまよ》う二条城の壮麗さよ。公園は、瞑想や武道の練習をする人たちで賑わっている。全国から集まった見習い大工や職人たちは、宗教建築物を修復したり新しく建てたりしながら腕を磨き、やがて国元へ帰り身につけた技術を活かす。

京都は、まるで時の流れを封じ込めたような、日本の一大中世都市だ。そんな中、唯一近代文化がもたらした娯楽というのが、野球であった。

アメリカから来た宣教師や語学教師が日本に野球を紹介したのは、一八七二年である。一八七八年には、日本初の本格的な野球チーム「新橋アスレチック倶楽部」が結成された。以来、野球は紛《まぎ》れもなく日本の国民的娯楽となり、人々はプロ野球や地元リーグ、大学野球、さらには高校野球にいたるまで、このスポーツに熱狂するようになった。[15]

京都の野球強豪校で知られる平安高等学校は、ダグラス和田の内野手としての技術（そしてほかの生徒より年上であること）を歓迎し、すぐにベンチ入りさせている。プレッシャーが大きくのしかかる試合をこなす中で、和田の野球技術は磨かれ根性も鍛えられていった。一九三二年には一カ月間の台湾遠征に参加し、京都で行われた元メジャーリーガーとの親善試合ではタイ・カッブとも対戦している。[16]平安高校卒業後も日本に残り、早稲田大学で野球を続けたいと思い始めていた。大学側も和田の入学を認め、野球部の監督が試合に出すことを確約していたほどだ。ところが、希望の未来に陰りを落とすことが一つあった。日本の軍隊に徴兵されるのではないかという懸念だ。

一九二七年以降、すべての日本男子は二〇歳になったら徴兵検査を受けることが義務付けられていた。検査に合格した者は、二年間の兵役義務が課され、四〇歳までは予備兵として軍名簿に登録される。

この時期、徴兵されるということは、高い確率で海外へ送られることを意味していた。一九三一年九月、日本軍は、満州に住む日本人と朝鮮人の「権利利益の侵害が一二〇件以上確認された」という口実のもと、満州に侵攻を開始した。五カ月にわたる戦闘の末、日本軍は傀儡《かいらい》国家「満州国」を樹立。当然のことながら、ソ連、イギリス、フランス、アメリカから強い反感を買うこととなる。

和田は、ハワイを離れる前、二重国籍が法的身分の証明に混乱を招くかもしれないと考え、日本国籍を放棄していた。[17]しかし、周りの友人やチームメイトが徴兵されていくにつれ、自分が何人《なにじん》かなど帝国陸軍は気にも留めないのではと感じ始めていた。ハワイに帰国するための書類を手に入れようとするだけでも、〝赤紙〟と呼ばれる召集令状を呼び寄せるきっかけになるかもしれない。[18]

野球は、和田に逃げ道を作ってくれた。アメリカの選手たちが京都を訪れ平安高校と対戦した際、和田はその中にマッキンレー高校の卒業生たちを見つけて大喜びした。彼らは、平安高校のチームに〝欠員〟をつくることとなる。[19]

マッキンレーの元チームメイトたちは、京都を去るときにダグラス和田を道具の運搬係として同行させたのだ。和田は難なく逃亡成功――したかに思えたが、アメリカのパスポートや市民権証明書（渡航するすべての日系アメリカ人は所持する必要があった）といった渡航書類を取り戻すことは叶わなかった。アメリカのチームと一緒にハワイに戻ることはできない。代わりに、帰国の道を模索するあいだ、横浜に住む叔父の和田イワイチのところへ身を寄せることにした。そして、急拡大する帝国軍から逃れ、生まれ故郷へ帰るチャンスを待った。

## 秩父丸

**ホノルル港**

**一九三三年四月二七日**

和田は、全長一七八メートルの客船〈秩父丸〉の甲板からホノルルのスカイラインを眺めながら、押し寄せる安堵感を噛み締めている。[20]懐かしい、見慣れた景色を、見覚えのない輪郭が縁取っている。海沿いには新しいホテルが建ち並び、ダウンタウンの空には背の高いオフィスビルが何本も突き出していた。それに、この港にも、今までに見たことがないほどたくさんのバース（桟橋や岸壁などの船舶係留ポイント）[21]があり、特に第九埠頭《ピア・ナイン》にそびえ立つアロハタワーの下には、クルーズ船が何隻も停泊している。

和田は、二二歳になっていた。五年間を日本で過ごし、その間ハワイに帰ってきたのは一九三〇年にただ一度だけだ。その一時帰国中、家族は彼の日本語の上達ぶりに大変感銘を受けていた。和田自身も、当時は早く日本に戻りたくて仕方がないほどだった。次にどんな形でハワイに帰ってくることになるか、もし知っていたなら……日本当局の目をすり抜けて逃げ帰ってこようとは、そのときはつゆほども思っていなかった。

〈秩父丸〉が桟橋に着岸し、和田は下船の準備にかかる。きっと、温かい出迎えは望めないだろう――「両親は激怒しているに違いない」チームメイトにはそう話していた。[22]

家族との再会を心配する以前に、移民局と対峙せねばならない。なにせ、帰国に必要な書類を持ち合わせていないのだ。留置所で不快な一夜を明かした翌日、和田はどうにか入国を許された。さて、家族の待つカマ・レーンに向かうとするか。

和田キャンプは、かつてないほどの賑わいである。チヨが切り盛りする商店を、一九歳になったハナ子が手伝っている。和田家の末っ子は、アメリカナイズが著しい。自分のことを「ハンナ」

や「エディス」と名乗るようにさえなった。
三〇歳になる長女イトヨはというと、こちらもハワイ生まれではあるが、妹のようにはアメリカナイズされていない。背は一五二センチと小柄だし、学校は小学六年までしか行っていないので英語の読み書きができない。一九二四年に、セールスマンで在留邦人（移民）の山本《やまもと》カツスケと結婚したため、アメリカ国籍を失っている。夫婦には、八歳のカツコと五歳のタケコという二人の娘がいて、窮屈ながらもカマ・レーンの母屋で和田家と一緒に暮らしている。離れのほうは、若い独身の下宿人二人に貸していた。[23]

カマ・レーンで一番の変化は、和田キャンプの隣に神社ができたことだ。一九三一年、金刀比《ことひ》羅《ら》神社《じんしゃ》（正式には「布哇金刀比羅神社（ハワイことひらじんしゃ）」。当時は「こんぴらじんしゃ」（〝じんじゃ〟ではなく〝じんしゃ〟）と呼ばれていた）は、カマ・レーン一〇四五番地におよそ五三〇〇平方メートルの土地を購入し、ホノルルで三番目にして最大の神道施設を建設した。その費用の大部分は、信者有志が企画した活動写真（映画）上映会などの募金活動で集められたものだ。和田久吉は、宮大工の技術を活かし、海上交通の守り神と知られる金刀比羅神社の彫刻を手がけ、現在は目立つ場所に飾られている。

敷地内は、神社をただ美しく見せるよう設計されているのではない。公民館、弓道場、野外劇場、剣道場、それに相撲の土俵も建設中である。すべてが完成すれば、参加者や観客を数百人招いたイベントも開催できるようになるという。[24]

神道は日本に古代から続く宗教で、その起源は紀元前三世紀から二世紀の弥生時代に遡るともいわれている。神道に関する最古の文献は、八世紀に書かれたものだそうだ。森羅万象あらゆるものに宿る神々や祖霊を崇拝する多神教で、家庭内や神社で祀られている。この宗教に唯一の経典はないが、行われる祭事は、その土地その土地を守るさまざまな氏神の御霊を鎮めるための清めの儀式が中心となっている。神道は仏教と一緒にされがちだが、基本とする思想は大きく異なる。仏教は、神ではなく仏を祀り、苦しみに満ちた大宇宙を超越する（悟りを開く）ことを追求しているが、神道を信心する人は、自分を取り巻く世界をより現実的に受け入れている。

　この金刀比羅神社は、一九一七年に妻と娘を連れてハワイに移住してきた神主の廣田《ひろた》齊《ひとし》らによって設立された。金刀比羅神社では複数の祭神を祀っていて、それぞれに熱心な崇拝者がいるが、神社の主たる祭神は海商の神である金毘羅権現《こんぴらごんげん》（大物主神《おおものぬしのかみ》）だ。金毘羅信仰の核となっている広範な倫理規範が、複数の祭神を一緒に祀ることを可能にしている。

　ハワイ金刀比羅神社は、香川県にある有名な金刀比羅宮の分社として、日本政府に正式に認められた神社だ。一九二四年の時点で、ハワイ準州政府（ハワイは一九〇〇年にアメリカ合衆国の準州となる。正式に五〇番目の州となったのは一九五九年八月）からも非営利の宗教施設として認可を得ている。

　和田家とこの神社との縁は深い。同年六月二四日、信者から尊敬を集めていた廣田宮司は、進行する病を押してイトヨの婚礼を執り行った。その翌年、四二歳で帰らぬ人となっている。そのあとを引き継いだ磯部《いそべ》節《みさお》宮司が今、この神社を新たな高みへと導き、ホノルルでの知名度を確かなものにしている。

金刀比羅神社ではもはや執り行われなくなった古来の祭事のひとつに、天皇誕生日がある。かつてはここカマ・レーンがハワイにおける祝賀祭の中心地だったが、一九三〇年に日本総領事館がその主催を強制的に引き継いだのだ。以来、四月二九日にこの金刀比羅さんに参詣しに来る人はほとんどいない。[25]

政府当局から逃亡してくることなど、久吉が息子を日本に送り出したときに思い描いていた留学体験には、もちろん含まれていなかった。とはいえ、旅に出した一番の目的は達成されている。ダグラスは今や、日本の伝統や神道の理念にどっぷりと浸かっている。日本語も流暢《りゅうちょう》になった。地元の日本語学校で学んでいるハワイ二世には、ここまで話せる者はいないだろう。

なにより、この留学は、浮わついた態度ばかりだった息子に、新しい世界観と目的意識を植え付けてくれた。海外経験で多くを学び、ハワイの外の世界を知り、見違えるほど成長して帰ってきた。日本の規律文化に放り込むことで一人前の大和男児に鍛えさせるのが久吉の狙いだったとしたら、その試みは大成したと言えるだろう。

# ホノルルスタジアム

ホノルル
一九三六年四月一三日

バッターボックスに立ったダグラス和田は、相手投手のレイ内村《うちむら》を真っ直ぐ見据えている。ホノルルスタジアムの観客席にいる二〇〇〇人の声援、ベンチで見守るチームメイトや各塁に立つランナーの掛け声、すべてのノイズをシャットアウトして集中する。あるのは次の一球だけだ。

満員のスタンドを前に行われている日系アメリカ人（ＡＪＡ）野球大会決勝戦。試合は現在二回を迎えたところ。これまで、両者無得点である。ＡＪＡ野球は、一九〇九年以降ハワイのスポーツの定番であり、チームの先発は大学生の和田にとって注目度の高いポジションだ。ホノルルでは〝日曜といえばＡＪＡ野球〟というほどの人気で、毎回一〇〇〇人近いファンがひとり二五セントを払って観戦に訪れる。スタジアムの使用料はわずか一〇〇ドルなので、利益は保証されている。スタジアムの周辺には違法な（だが容認されている）賭場がいくつか立ち、そこにも多くの人が集まって活気づいていた。

今日の試合は、いつもの対戦とはわけが違う。和田が所属する「ワヒアワ軍」は、リーグ創設から一二年間一度も優勝したことがなく、今日は宿敵「パラマ軍」との対決に挑んでいる。

ＡＪＡリーグは、日系二世のプライドをわかりやすく公に示すものの代表といえる。一九三六年、「ハワイ朝日軍」の日系アメリカ人オーナーが、ニール・〝ラスティ〟・ブレイズデルをコーチに任命したとき、にわかに暴動でも起きそうなほど抗議の声が上がった。『布哇《ハワイ》報知』紙のスポーツ記者パーシー小泉《こいずみ》は、「朝日はこれまで、単一人種チームであることを厳格に守っていた」と書いている。「朝日には守るべき伝統がある。これを頭が化石のような古参のファンの戯言と受け流す人もいるが、その化石頭たちがもし試合を観に来なくなったら、どれほどスタンドが空っぽになることか[26]」（それでもブレイズデルはコーチを続けている）。

ワヒアワとパラマのライバル関係の背後には、二世プレーヤー間での人種的確執というのがあった。ＡＪＡリーグの首脳陣は議論の末、父親の姓が日本名であることを条件に日系人選手の参加を認めている。しかし、どのチームも同じルールに沿っているというわけではない。パラマはミックスだが、ワヒアワは純日本人だけのチームだった[27]。

内村がマウンドで投球姿勢に入った。和田がバットを構える。ピッチャーに動揺が見て取れる。初回にシングルヒットを許し、打者二人をフォアボールで出塁させた今、内村にもうミスは許されない。和田がバットを振った。満足のいく、しっかりとした当たりを感じた。体はすでに一塁に向かって動いている。打球がレフトへ抜けた。ボールが芝生に落ち、野手たちが一斉に動く。二塁、三塁ランナーがホームイン。和田は二打点を上げ、レフトがボールを取り損ねた隙に一塁ランナーも得点した。

パラマは点差を埋めることができず、ワヒアワが八対四で優勝を決めた。『ホノルル・スター・ブレティン』紙の記者、ジョン深尾《ふかお》は、ワヒアワ軍が決勝戦で「パラマを撃破」、「宿年の夢をついに叶えた」と書いている。勝利に輝いた和田のチームには、地元の精工舎時計店店主の渡邊源《わたなべげん》兵衛《べえ》から寄贈された巨大な銀製のトロフィーが贈られた。[28]

祝賀に沸く中、二五歳の和田青年には心配事があった。彼は現在、ハワイ大学四年生の最終学期で、大学の野球部にも所属している。しかし、自分に野球選手として将来性があるとは思えない。専攻は農学部だったが、勉強についていけないのですでに諦め、スポーツに集中できる身体管理学——和田はこれを「朝飯前」の経済学と呼んでいる——に変更していた。

専攻を簡単な学部に切り替えたおかげで、成績は上がった。スポーツで賞を受賞した優秀な学生だけが参加を許される「Hクラブ」のメンバーにもなっている。また、〝大学雑学コンテスト〟でも優勝し、キングシアターで上演された『リチャード二世』の鑑賞券を賞品として貰ったこともある。

大学野球は彼がアメリカ人としてのルーツに忠実なことの証である一方で、ＡＪＡリーグでプレーすることで日本人としてのアイデンティティをアピールすることもできた。大学四年間を通して二つのチームのあいだで綱引きの状態を続けていた和田だったが、おかげで複数の名前を持つようになった。生徒名簿や公的な書類には「トシオ」の名を使っている。大抵のハオレの学生や教諭は、AJAリーグを取材するスポーツ新聞の記者同様、彼を「ダグラス」と呼んでいた。チームメイトの中には「チキン」あるいは縮めて「チック」と呼ぶ者もいる。

五月に卒業が迫っているが、卒業後は大学院に進むことくらいしか考えられずにいた。しかし今、その計画が変わろうとしている。

## 香川県

**日本、四国**
**一九三六年一一月一〇日**

吉川猛夫《よしかわたけお》少尉は、大日本帝国海軍司令部（海軍省・軍令部）の建物を出ると大きく一つ、深呼吸をした。ここから新しい人生が始まる。以前の希望に満ちていた人生は、挫折に終わった。彼は今、常々望んでいた重要な使命を果たすための、二度目のチャンスを与えられている。

四国で育った吉川の青春時代は、厳格で暴力的な父親のいいつけにより、何事にも卓越した人間になるためだけに費やされたと言っても過言ではない。そんな父と子の関係性を物語るものに、川での泳ぎの練習がある。父は息子を水深の深い場所へ連れて行き、川へ放り込んだのだ。

沈んで溺れるか、必死に泳ぐかのどちらかしかない。大人になった今、あれは残忍な仕打ちだったと改めて思うものの、父のスパルタ教育の結果に感謝もしている。彼は、遠泳を得意とする恐れ知らずの優れた泳者に成長し、岩だらけの四国沿岸を何キロも泳いで自らを鍛え上げてきた。[29]

吉川は活発な少年だったが、〝事故〟で中指の先を失う恐怖を味わったことがある。それがどんな事故だったのかは、明らかにしていない。そのような怪我を負ったにもかかわらず、高校生のときには剣道大会で優勝をした。

理不尽に厳しかった父の手を離れて大日本帝国に尽くすべく、軍人の道を歩み始める準備は十分に整っていた。吉川は、自分には「武士道の揺るぎない精神が培われている」と自負している。それはつまり、武士のような絶対的な忠誠心を持っているということだ。彼は禅宗の信奉者でもあった。「自己を律し、また自己を滅して忠誠と献身の心を養うことを極めんとする」その教えに、心を動かされたのだ。軍人にとって、悪い哲学ではない。

吉川は一九三三年まで、帝国海軍兵学校の優等生だった。そこで彼は、「海軍は南方へ進出しアメリカと戦争する、陸軍は北方へ進出しソ連と戦争する」と教えられていた。吉川は、アメリカに勝利する方法についてよく議論したことを覚えている。誰もが対米戦争は「不可避である」と考えていた。[30]

一九三四年、吉川はパイロットになる訓練を開始する前に、軍艦での初級訓練航海と短い潜水艦配備訓練を受けた。軍人として有望なキャリアを築くために必要な経験と知識が着々と積まれていると、吉川自身が誰よりも感じていた。滅私の思想とは裏腹に、慢心が膨れ上がっていく。自分には「輝かしい」キャリアが待っていると周囲に語り、自分は「同級生みんなの羨望の的」になっていると思い込んでいた。

ところが飛行訓練を始めて数カ月が経ったある日、自信に満ち溢れていた青年は、出撃訓練から戻ったあとに激しい腹痛に襲われ、病院へ行くよう命じられた。その後、身体的不適合と判断され、現役から外されてしまったのである。以来、くる日もくる日も、吉川はこのいまいましい状況に耐え続けなければならなかった。

彼が悔しさに苛《さいな》まれているあいだ、日本を取り巻く状況はますます深刻になっていった。一九三六年、帝国陸軍皇道派の青年将校らが、斎藤実《さいとうまこと》内大臣、渡辺錠太郎《わたなべじょうたろう》教育総監、高橋是清《たかはしこれきよ》大蔵大臣を殺害し、自身らの北進論に異を唱えるほかの多くの人物の暗殺を企てるという事件が起きた。二・二六事件である。また、中国との緊張が再び高まり、日本は世界の大国と対峙することとなった。

吉川は、そうした歴史的出来事を目の当たりにしながら、ただ見ていることしかできない。同年、帝国軍はついに彼を退役させた。青年は、「将来の計画も希望もすべて海軍あってのことだったので、大変なショックを受けた」自殺すら考えたほどだ。

それがつい二カ月前のことだった。しかし、季節の変わり目が希望を運んでくれた。地方本部の大佐から今日、呼び出しを受けたのだ。大佐が言ったことが頭から離れない。「昇進の望みを捨てて情報部の諜報員として現役に戻るというなら、海軍にはまだ君の居場所がある」[31]

何の期待もせずに本部ビルに入っていった吉川は、使命を得て建物をあとにした。将校への道は閉ざされ、かつて抱いた野心からはかけ離れてしまったが、天皇陛下に仕えるという未来が開けた。

吉川の仕事は、帝国海軍軍令部第三部の情報部員として始まり、米太平洋艦隊とそのグアム、マニラ、ハワイの基地が調査対象となる。

## ハワイ大学

**ホノルル**
**一九三七年五月四日**

上原征生《うえはらゆくお》教授の上級日本語クラスの終わりに、学生たちがノートを回収している。ダグラス和田は、クラスメートのケン・リングルと連れ立って教室を出た。

ハワイ大学は、日系アメリカ人の教育者たちにとって救いの場である。ここは彼らがアメリア国内でキャリアを築くことができる、数少ない場所の一つだ。この大学の日本語プログラムは、アジア太平洋研究を推進する大学挙げての取り組みの一環である。その最大の功績は、一九三五年に大学付属の「東洋学研究所」を設立したことだ。[32]

上原は、アメリカで教育を受け、アメリカ国内の高等教育機関でキャリアを積むことを望む数少ない日系人学者の一人であり、また先駆者でもある。ハワイ大学を卒業し、著書も出版している。一九三三年、彼が二八歳のときに、同大学から語学教師に任命された。上原は、その立場を利用して日米の学生の架け橋となり、文化行事を企画し、校内の東洋文学研究会を指導してきた。そうした市民に開けた活動と、教職や教科書の改訂といった大学の仕事とのバランスを取りながら、自身の勉学にも励み、この年の初めには修士号も取得した。

和田は、四年生になってから上原教授の日本語クラスを受講している。卒業に語学の単位が必要で、日本語は彼にとって一番楽な選択肢だったからだ。教授は、和田の日本語レベルがほかの生徒よりずっと高いことを知っていた。初めて会ったときに、和田に日本の雑誌『文藝春秋』を翻訳させたのだ。その仕上がりに、まったく問題はなかった。そこで、教授は取引を持ちかけた。「私が授業をできないときは、君が代理講師をしてくれ。それと、図書館の仕事も手伝ってもらいたい」和田にとって、悪い条件ではない。

和田の級友の一人が、ケネス・リングルである。リングルは興味深い人物だ。年齢は和田よりも一〇歳ほど上で、自分自身の向上のために大学に通っているらしい。和田とは席が隣で、よく野球の話で盛り上がった。二人はすぐに、どちらも日本に住んでいたことを知る。仲良くなって数週間が過ぎたころ、リングルは、妻と二歳になる娘を紹介したいから今度の土曜日に家に来ないかい、と和田を誘った。妻の名はマーガレット、娘はサリーという。

和田は、マーガレットの物怖じしない性格に好感を持った。彼女は、ルイジアナ州エイブリー島の叔父の農園で牛を追いながら育ち、フィラデルフィアの美術アカデミーに通った経歴を持つ。夫妻は、ポルトガルで乗馬とピクニックを楽しんでいるときに知り合ったそうだ。リングルは、近くに寄港していたアメリカ海軍駆逐艦の乗組員だった。マーガレットは、現地でビジネスをする夫と暮らす妹を訪ねてポルトガルに来ており、水兵たちが地元の独身女性たちの気を引こうと軍服姿で街を徘徊していた折にリングルに出会った。翌年、リングルはルイジアナを訪れ、マーガレットに結婚を申し込んだ。[33]

彼はよく、彼女がスペアタイヤ一本とピストル一丁だけを持って車でアメリカ本土を西へ東へと走り回っていたという話で〝妻自慢〟をする。マーガレットは、「だって仕方がないじゃない。常に港から港へと軍艦で移動している夫に、ほかにどうやって追いつけばいいというの？」と無邪気に笑う。[34]

マーガレットが二人に気を遣い、サリーを連れて部屋を出て行った。年上のリングルが、日本の軍国主義がますます高まっていることに関し、ハワイに移住した一世や彼らの子供である二世たちの反応について、言葉を選びながら、しかし洞察力に富んだ質問を和田に投げかける。和田は、自分が感じていること——つまり、同世代の二世のほとんどは日本に対して深い忠誠心は持ち合わせていないことを話した。二人はまた、日本で目撃した軍国主義に対する互いの嫌悪感を共有した。

しかし、その日はほとんどの時間を主にアメフト談義に花を咲かせた。和田はハワイ大学のフットボール部で不本意ながらもウォーターボーイを務めていたことから、チームの内部情報には詳しい。この一風変わったクラスメートと過ごす午後はとても楽しいものだったが、その記憶はすぐにどこかへ飛んでしまうことになる。

数週間後、大学のアスレチックディレクターの〝ポンプ〟ことテッド・サールが、話があるといって人気《ひとけ》の少ない場所へ和田を連れ出した。[35]「FBI（連邦捜査局）の捜査官が二人、俺のオフィスに訪ねてきたぞ」サールが怪訝そうに言う。「お前のことをいろいろと訊かれたが、どういうことだ？」

これは興味深い展開になった。おそらく、和田が京都に留学したことが関係しているのだろう。日米間の緊張が高まるにつれ、FBIは国内にいる日本人の破壊分子に警戒を強めている。捜査当局が特に疑いの目を向けているのが、ダグラス和田のように日本に留学した経験のあるアメリカ人だ。日本政府はもともと文化交流の目的で日本語学校の生徒を自国へ招いていたが、今ではそれがアメリカにスパイを送り込む手段だとみなされている。日が経つにつれ、例のFBI二人組に訊かれて、和田と話したことの内容をリークする者が増えてきた。捜査官らは和田のチームメイト、隣人、教師、さらには大学の予備役将校訓練課程（ROTC）の軍曹にまで聞き込みを行っていたが、質問を受けた人の多くは、何を訊かれたのか和田に教えにきてくれた。かの有名なハワイ大フットボール部コーチのオットー・クラムでさえ、ＦＢＩが来たことを和田に話したほどだ。チームのウォーターボーイの忠誠心について質問されたのだという。

　自分について、何やら執拗な調査が行われているのは疑いの余地がない。ここまで探る理由は何だろう。日本に留学したことが原因なのか、太平洋戦争開戦間近という新聞の見出しのせいなのか、それとも、これまでに出会った誰かが関係しているのだろうか。和田は考えを巡らせた。今日までの人生で遭遇した謎めいた人物など、大して多くはない。が、その中で真っ先に思い浮かんだのは、ケン・リングルだった。彼は、現在の、あるいは過去の仕事について和田に語ったことがない。和田も、詮索しないのが礼儀だと思っていた。だが、よくよく考えてみれば、二人が出会ったこと自体がおかしい。上原教授はいつもクラスの席をアルファベット順にしていたが、リングルは和田の右隣の席で、左隣には鈴木という女子が座っていた。なぜ教授は「Ｒ」と「Ｓ」のあいだに「Ｗ」を？　意図的にリングルに引き合わせたとしか思えない。それとも、ＦＢＩのしつこい聞き込み調査でナーバスになっている和田の被害妄想だろうか。[36]

　大学を卒業した一九三七年六月のある日、またしても実りのない就職面接から帰ってきた和田を、玄関先で妹のハナ子が待ち構えていた。「海軍から電話があったわよ」訝しげに言う。「金曜日に兄さんを面接したいんですって」

「海軍が？」兄は妹の言葉に驚いた。「海軍に知り合いなんていないけどな」

不可解な誘いだが、興味はそそられる。和田は軍隊に対して深い疑念を抱いていた。大学で誘われた予備役将校訓練課程の上級訓練すら辞退している。しかし、仕事を見つけないことには、大学院の学費を工面できない。それに彼には、ほかに期待できそうなことは何もなかった。そんなわけで、金曜日、蝶ネクタイをキュッと締め、クリーニングから返ってきたばかりのスーツを着込んだ和田は、連邦政府ビルの前に立っていた。[37]

中に入ると、政府職員や制服を着た軍人たちで、どの階もごった返している。和田は緊張で高鳴る胸を抑えながら二階へ上がり、二二一号室へ向かった。ドアには「情報省」と書かれている。これはいったい、どういうことだ？

オフィスには男の人が四人いて、テーブルを囲んで座っている。ここには事務机が一台しかないためだ。そのうちの一人に見覚えがあった。ケン・リングルだ。リングルは立ち上がり、和田を笑顔で出迎えた。海軍の白い制服を着ており、肩章から彼が将校であることがわかる。

「俺はいったい、何に巻き込まれているんだ？」和田は驚きを隠せない。

この同級生は、第一四海軍区情報将校補佐、ケネス・D・リングル少佐だった。すでに輝かしい経歴を持つ、ベテラン将校である。一九〇〇年九月三〇日にカンザス州で生まれ、一九二三年にアメリカ海軍兵学校を卒業後、USS〈ミシシッピ〉に乗艦した。二八年から三一年までは、駐日アメリカ大使館付き海軍武官として東京に赴任。日本滞在中は、研修の一環で別府にも住み、日本人家族の家に下宿して現地の生活を直に体験しながら日本語や文化的洞察を磨いた。

リングルは、そこで目にしたものに大いに魅了された。日本国民のさまざまな階級で話される日本語のバリエーションも学び、上流階級のあいだで使われる言葉や、下流庶民の言葉、女性だけが使う言葉なども違いがわかるようになった。女性言葉については、通用するかどうか別府の茶屋で試してみたが、この西洋人の日本語のうまさと海軍大学で身につけた礼儀正しい態度に、芸妓たちはたいそう感心し喜んだ。その茶屋に頻繁に出入りする日本の軍人たちの粗野な振る舞いとは、あまりに対照的だったのだ。彼らはいつも酔っ払っては芸妓たちを口説いたり触ったりし、我らは世界を征服するのだと吹聴しているという。リングルは、彼女たちから耳にしたことを逐一報告書にまとめて情報部に提出した。それが、アメリカ海軍の諜報コミュニティ（米行政組織内で諜報活動を担う機関の集合体。諜報界隈）との最初の関わりである。[38]

　リングルの人生もキャリアも、前進を続けていた。アメリカに帰国後はUSS〈チェスター〉の砲術士官となり、一九三二年にマーガレット・ジョンストン・エイブリーと結婚した。一九三六年七月、リングルは海軍の諜報機関に異動になり、マーガレットとともにホノルルに移住する。その後も、語学力を磨くため、そして才能ある人材を発掘するために、日本語のクラスを取り続けた。[39]海軍内で日本語に長けた者は稀であったし、日本の文化を深く理解する者はさらに少なかった。諜報活動をする上で、そのあたりの能力の欠如が致命的となる可能性がある。

　その解決策として目をつけたのが、ダグラス和田だった。この青年をリクルートすることが、情報将校になりたてのリングルが自分に課した任務の一つである。日本人移民とその子供たち、特に和田の家族のように伝統的な思想を持つ日系人への不信感が高まっている中、リングルの行動は大胆なものに思えた。[40]

リングルは、和田を採用面接の担当官であるウォルター・キルパトリック大佐に紹介した。二人は隣接する部屋へ移動し、テーブルを挟んで座った。「ドアを見たか？　まあ、ここは情報〝省〟ではない」大佐は一呼吸置いた。「海軍の諜報を担当する部署だ[41]」

真珠湾基地内にあるこの小さなオフィスは、地区本部の分室で、対諜報活動を専門とする第一四管区情報局である。海軍は一九二〇年代より、拡大する日本の海上戦力に注目してきた。近年、関心の先は国内の破壊分子や過激派に移ってきている。ハワイにおける管区情報局の役割は、地元住民を監視し、戦争になった場合に彼らが海軍にもたらす脅威の大きさを推測することである。この部隊に属する者には、シンパやスパイ、破壊工作員を嗅ぎ分ける能力が求められた。

キルパトリックは、管区情報局が監視する必要のある膨大な日本語の情報資料を翻訳できる人間をなんとしても確保したかった。翻訳対象には、秘密裏に収集される資料だけでなく、国外やここホノルルに住む日本人の様子を知ることができる新聞や文献、そのほかの一般に入手可能なモニター材料が含まれる。

「軍は今、日本語のスペシャリストを必要としている」キルパトリックが言う。「ケンから、君は日本語が達者な上に信頼も置けると聞いている。我々には君のような人材が必要だ。もし軍が採用を許可し、君もここの一員になることを望むのであれば、君は海軍の情報機関に勤める世界初の日系アメリカ人諜報員となるわけだ」

和田は、日系アメリカ人の入隊を認めていない海軍が自分を受け入れるだろうかと疑問に思った[42]。和田にとっては、どちらでもよかった。この仕事が気に入らなければ逃げ道は開かれている。自分は民間人なのだから、嫌なら辞めればいい。和田はそう思った。

前置きはここまでだ、とキルパトリックが本題に移った。「極東における戦争について、話をしよう。日本はすでに中国北部を占領し、その足を止めるつもりがないのは誰の目にも明らかだ。今後も侵略を繰り返すだろうし、それは中国だけにとどまらない。——そこで質問だが、君のパンには、どちら側にバターが塗られているのだね？」

和田は目をしばたたかせ、何か聞き間違えただろうかと思い返した。「何をおっしゃっているのかさっぱり……」と言いかけて、はたと気づく。

「私の忠誠心はアメリカにあります。私はここで生まれ育ち、学校に通いました。家族も皆ここにいます」和田は声を強めた。「五年間を除いて、私はハワイにしか住んだことがありません。ここが私の唯一の故郷です」そこで言葉を止めた。大佐が和田からそれ以上のことを望んでいるのは明らかだ。「自ら国籍を捨てる日本人は滅多にいません。私は一九二八年に日本国籍を放棄しています。当時は簡単なことではありませんでした」

「どうやら、我々のほうが君のことをよく知っているようだね」キルパトリックはあっさりと言った。それはそうだ。ＦＢＩを送り込んだのは、この人物なのである。ハワイにＦＢＩの支局などない。本土から捜査官を呼んで身辺調査をさせているのだ。「我々が君に話すべきではないと思うことがあれば、話さないと思ってもらっていい」

ダグラス和田は自分の忠誠心を主張はしたが、キルパトリックの申し出を受け入れたわけではなかった。今彼は、キャリアだけでなく、敵対関係にある自身の二つのアイデンティティのあいだでも、選択を迫られている。そして、祖国アメリカのために働き、愛するこの街を外国の干渉から守るチャンスを与えられたのだ。大日本帝国は、二世たちを祖国と敵対させようとしている。和田はそのことに心底腹を立てていた。彼はまた、自分の父親のような無害な一世たちが、日本政権を積極的に支持する者たちと無関係であることを証明したくもあった。海軍に協力することが、彼の祖国や地元にとって、単なる仕事以上の意味を持つかもしれない。日系人コミュニティのアメリカに対する忠誠の証になるのではないか。民間人として雇用されたとしても、海軍の所属であることに違いはない。

「わかりました」和田が切り出した。「政府から要請があれば、いつでも仕事します」

「結構。我々には君が必要だ」キルパトリックが続ける。「明日からでも来てほしいのだが、実はそうもいかない。君を正式に採用するには、ワシントンの許可が必要なのだよ。当面は、臨時雇いということで働いてもらうとしよう。オフィスへは、来たいときに来てくれればいい。給料は二週間ごとに一五ドル、月に三〇ドルだ」

単純な事務作業のような仕事にしては、悪くない額だ。そして、キルパトリックが付け加えた。

「その間、日系社会の中で仕事を見つけてくれないかね?」[43]

## 日布時事社支局

**ホノルル**
**一九三七年七月七日**

「また一人、島出身の若者が大活躍!」ダグラス和田がタイプライターのキーを弾く。マッキンレー高校が生んだ元ホノルル野球界のスター、本田《ほんだ》〝エド〟親喜《ちかよし》の活躍を伝える新聞記事に、読者を惹きつけるリード文をあれこれ考えている。

もしかしたら、この選手の経歴と同じ人生を、和田も歩んでいたのかもしれない——もし日本を離れていなかったなら……。二人ともマッキンレー野球部のスター選手で、ともに平安高校に留学したが、本田は京都に残って大学に進学した。その後は、声援に湧き立つ一〇万人の観客を前に、優勝戦に幾度となく登板している。「ホノルルではこれまで見たことのない光景」和田の記事がそう語る。両親に会いに帰郷した本田が八月に日本に戻る直前、和田は彼を取材している。[44]

オフレコのプライベートな会話の中で、本田は徴兵されることへの不安を和田に打ち明けていた。それでも彼は、日本へ戻ろうとしている。キルパトリックの言葉を借りるなら、結局のところ、本田は自分のパンのどちら側にバターが塗られているかを知っているのだ。[45]

和田が新米記者兼翻訳者として『日布時事《にっぷじじ》』紙で働くのと同様、この記事には二重の目的がある。一つは、地元出身の著名な二世の輝かしい功績で、英字新聞を愛読する日本人読者層の興味を引くということ。しかしそれは和田にとって、日本に住むアメリカ人に話を訊き、日本の人たちがどんな様子でいるのかを直接知ることができる絶好のチャンスでもある。それが二つ目の目的だ。そして、インタビュー中に偶然出た話題から、地元が誇るハワイ二世でありながら、生まれ故郷のアメリカと距離をおこうとする若者の胸の内を引き出すことができた。

本田は、自分が海軍の諜報員志望者からインタビューを受けているとは、つゆほども知らない。このときダグラス和田は、第一四管区情報局の非正規雇用者になって初めての潜入活動を遂行中である。

和田は、自分の適正を示さなければならない。この任務は、単に語学力の高さを証明できるだけでなく、陰の仕事に従事することで強いられるライフスタイルに順応できることを示すチャンスでもある。和田は、特殊エージェントに求められる資質が自分にあることを証明する必要があった。海軍情報局（ＯＮＩ）の訓練マニュアルによると、「虚栄心、傲慢さ、注意力の欠如、無遠慮さ、技術的な事柄への無知などが見られるものは、工作員として不適正とみなす」とある。[46]
しかし海軍の諜報員たちは、和田のことを思慮深い上に愛嬌があり、忠義心に厚く信頼のおける人間だと評価した。チームプレイに向いていると判断されたのだ。

こうして軍の諜報機関に受け入れられた和田だったが、この仕事に対して彼が抱いていた幻想は打ち消されつつある。早くから潜入任務に就いていたにもかかわらず、予想に反して、というより、期待したほどスパイらしいことをしていない。海軍情報局の訓練マニュアルには、がっかりすることが書かれていた。「安っぽいスパイ小説のような大胆な諜報手段を試みようとするのは、ズブの素人だけである。いかなる調査も、慎重な分析、論理的推理、事実の検証が欠かせない科学的な問題として扱わなければならない」そう言うものの、ときにはインフォーマント《情報提供者》の確保や、尋問のテクニック、公文書から手がかりを引き出す手法、さらには妨害工作の実施などが必要になるのも確かだ。

また、海軍情報局は諜報員に、警察のようなまねをしないよう釘を刺している。捜査対象者を捕まえることが、必ずしも戦略的に賢明とは限らないからだ。「海軍情報部[47]（ＮＩＳ）が行う捜査は、即座の逮捕や起訴を目的とするものではない」とマニュアルにある。「我々の目的は、スパイ行為、破壊工作、およびプロパガンダ活動を行うグループ全員の身元、住居、目的、活動内容などの詳細を一つずつ洗い出すことであり、発見の都度逮捕することよりも、捜査対象の行動を緊密かつ継続的に監視することに重点を置くものである。これにより、明らかな敵対行為または宣戦布告がなされた場合には、対象組織全体を一挙に拿捕し、敵の動きを封じ込めることができるのである[48]」

『日布時事』紙が求人を出していたことは幸いだった。加えて、この新聞社のオーナーは野球ファンである。しかしそれ以上に、諜報員が地元住民の空気感を測るには絶好の潜入場所だ。ハワイには邦字新聞が十数種類あるが、『日布時事』はその中でも二大新聞の一つで、もう一つは『布哇報知』紙である。『日布時事』は日本人移民労働者のあいだで人気があり、かつては掲載記事がハワイで起きた社会運動の支援者を呼び集めたこともあって、戦争となったときには危険分子の組織化に一役買うことが懸念されていた。

和田記者はこの日の午後、早朝版（朝刊より前に発行する遠隔地向けの版）の記事を印刷に回したところで新聞社での仕事を終えると、翌日の新聞をこっそり抜き取って第一四管区情報局へ届け、オフィスで掲載記事の内容と本田選手からオフレコで聞いた話を要約した報告書をタイプライターで作成した。双方の雇用主に対する義務を果たし、ようやく家路に就いたのである。

対敵諜報活動の世界に足を踏み入れた今、和田は自分のこれまでの人生に重要な存在だったいくつかの組織に対し、軍がまったく異なる見解を持ち疑惑の光を当てていることを知った。そしてその光は、カマ・レーンに暗い影を落としている。

和田家の近所の金刀比羅神社を含め、神道神社は天皇崇拝を広めるための施設だとみなされていた。仏寺の住職や神社の宮司は日本語学校の校長や教師を務めることが多く、日本領事館員を兼任する人も少なくない。日本の政策により宗教団体は同国から厳格に監督されていることから、アメリカの諜報機関は寺社の指導者も語学教師も、どちらも「東京の命令下」にあると考えている。[49]ホノルルにある神社もまた、日本の国家神道の建物と似ているという理由で嫌疑をかけられていた。[50]

海軍情報局は疑わしい神社に対して対策を講じようとするものの、行き詰まっている。キルパトリックは、一部の宮司と日本軍とのつながりを探っており、何人かが元陸軍将校であることを突き止めていた。そのうちの一人を国外追放するよう求めているが、日米間の外交協定がそれを阻んでいる。[51]

和田は、幼少期から親しんできたカマ・レーンの金刀比羅神社に対して、まったく違った印象を持っている。彼にとって、金比羅さんは三つの社を持つ複合施設で、和田家が敬う宗教と文化を大切に伝承する集いの場である。磯部節宮司は、祭祀を執り行うほかに、境内でさまざまな集会や、相撲や弓道の大会、募金活動の一環として夜の映画会、そして年に一度の市民祭なども主催していた。

磯部は、関連する三つの神社の宮司を兼任しており、寄付も多く集まって潤っている。しかし、日本政府が神道に軍国主義の思想を持ち込んでいるため、金刀比羅神社に一五〇〇人を超える氏子がいることを政治宣言、あるいは政治動員だと見る人もいる。[52]

和田が自分の給料で最初に手に入れたのは、月々四五ドルのローンで買ったシボレーである。そのシボレーでキング通りを走り、ダウンタウンの政府庁舎からカパラマの日本人街、カマ・レーンへ帰る。二つの世界を往復する日々が始まった。

精魂込めて木板を削り、いつの日か新しい神社を建てるのに必要な木工技術を磨く父親の姿を見て、当局はどう思うのだろう。和田は考えていた。自分の信仰心を表現する一人の男と見るだろうか、それとも、アメリカよりも自分の宗教を選ぶかもしれない彼を、潜在的脅威と捉えるのだろうか？

防諜活動に携わるうちに、だんだん考え方が諜報員のようになっていく。そして、さきほどの問いに対する答えに、疑いを持ち始めている自分があった。

# 第二章　野手

## デリングハム・トランスポーテーション・ビルディング

ホノルル
一九三九年八月二三日

ＦＢＩ主任特別捜査官ロバート・シヴァーズは、わずかなスタッフを同行してホノルルに降り立った。その背には、気の遠くなるような大変な任務を背負っている。ホノルル初のＦＢＩ支局を立ち上げ、日系アメリカ人一二万五〇〇〇人、日本人三万五〇〇〇人、計一六万人の忠誠心を査定するのである。しかし、デリングハム・トランスポーテーション・ビルディングに開設された彼のオフィスには、たった二人の捜査官と、速記者が一人いるだけだ。

シヴァーズ特別捜査官は、確かな血筋の真面目な男である。第一次世界大戦中は、陸軍軍曹として兵站部隊を率いていた。学業は高校を出ただけだが、一九二三年にＦＢＩに採用されてから出世階段を上り詰め、現在のポジションに至る。一九三〇年代は、全国各地のＦＢＩ支局の特別捜査官を務め、違法酒の密造・密売組織《ブートレッグギャング》やＫＫＫを標的にした働きがＦＢＩ長官ジョン・エドガー・フーヴァーの知るところとなった。

四四歳のとき、そんな彼の未来を阻《はば》む健康問題が持ち上がった。高血圧と心臓病を患《わずら》い、医者から任務を軽いものに変えて温暖な地域に住むことを勧められたのだ。妻のコリーンは、夫の健康のためならばハワイに移住することに何のためらいもない。彼女は、その「軽い任務」とやらが、大変なストレスを伴うものになることを知らなかった。少なくとも、オアフ島が暖かい場所であることは確かだ。

シヴァーズは、軍の諜報機関と緊密に連携する必要があった。単独で遂行するには仕事の規模があまりにも膨大であることは、ハワイにいる誰の目にも明らかである。それなのに、その主導を担う組織が確立していない。集められた情報はほかの機関と共有されているが、防諜工作員間の実質的な連携が欠けていた。このあたりの曖昧さは、ホワイトハウスから来ている。六月、フランクリン・ローズヴェルト大統領は、国内の防諜活動の責任系統を定めた極秘指令に署名したが、アメリカの地に潜伏する外国の諜報員を対象とした防諜活動を誰が統率するかという問題は、未解決のまま置かれた。軍は、自らの組織と人材を守ることが急務と考え、独自の優先順位と手法でこれに当たっている。

そのためハワイでは、陸軍、海軍、ＦＢＩ、地元警察のすべてが個別に防諜活動を展開していた。それでもまだ、日本との戦争が勃発した際の対応策に関しては、全機関が従うべき共通の計画が定められていない。この統合的なプロトコルを策定するのがシヴァーズの最重要課題なのだが、それには外交、組織作り、法執行のスキルが同等に求められる。

シヴァーズの任務は、開戦となったときに拘束すべき人物の「選定リスト」を整理することから始まる。国内における大規模拘留は、何十年も前から軍事計画に含まれていた。拘束した人々を留め置くための「強制収容所」の設立案が、遅くとも一九三七年よりローズヴェルト政権の文書で具体的に言及されている。

ＦＢＩは一二五人をスパイや不穏分子の疑いありとして挙げていた。陸軍は二〇〇人以上の名前をリストに入れており、海軍情報局が作成したものもほぼ同数である。海軍の選定リストは、ウィリアム・スティーヴンソン予備役大尉と、スパイ技術の高さが注目されている元産科医のセシル・コギンス予備役少佐が監修したものだ。

シヴァーズは、厳しくも公平を期すため、人員不足にもかかわらず部下にリストの名前を一件ずつ慎重に査定するよう命じた。シヴァーズのこの方針は、忠義に厚いＦＢＩ捜査官なら誰もが感じる他機関への信頼の欠如からくるものだったが、捜査を正しく行うことへの道義的責任ゆえの行動でもあった。

シヴァーズが特に注視すべきと考えるグループは、日本の「代理領事」のネットワークである。この代理領事というのは、日本総領事館がハワイ全土で雇用している二〇〇人を超える職員の総称で、公的な事務手続きに助けが必要な短期滞在の邦人や移民一世を支援するのが主な仕事だ。彼らはまた、日本兵のために募金を集めたり、中国に派遣された兵士たちに送る「慰問品」を集めたりといった地元住民の活動を先導している。[1] 通常、領事館が日本語教師を雇っていたので、そうした教師全員が帝国政府の手先だという見方が法執行当局者のあいだで広まっていた。

シヴァーズは、すぐにでも捜査に乗り出したいところだが、代理領事全員を監視するにはどうにも人手が足らない。そこで彼は、主に日本政府を支持し愛国感情を表明している著名な大学教授を二〇人選び、精査することにした。

ホノルルで煽動の動きが見られることはほとんどない。ハワイでは、超国家主義を掲げる日本人は本土よりもさらに稀で、いたとしても移民一世のごく一部に過ぎない。しかし、海軍の「危険人物容疑者リスト」に載るのは背信的な行動を取る者だけとは限らない。

ＦＢＩは、捜査官たちが各々の地域におけるスパイ行為の脅威を見極めるためのツールを開発した。これは「評価マトリクス」と呼ばれるもので、疑わしい組織をA、B、Cの三つのカテゴリーに分類するための指標である。海軍によれば、カテゴリーAに指定された組織は「合衆国内の安全保障を実際的に脅かす団体である。これらの組織に属するすべての幹部および正・準会員については、本国内で機密性または信頼性の高い役職に起用する際は慎重な検討が必要である」Aに該当する者は、戦争が勃発した時点で直ちに拘束される。カテゴリーBに分類する不穏分子は、脅威となる潜在性の高さで判断される。まだ一線は越えていないが、もし越えた場合には、その社会的影響力が大きな混乱や破壊を招く可能性のある組織や人物である。最後のカテゴリーCは「合衆国内に設立された、半官半民で反米思想が疑われる日本企業」を指し、具体的には汽船会社、銀行、新聞社など、日本政府とのつながりが強い日本の営利団体がこれに当たる。

困ったことに、シヴァーズはこれまで日本や日本の文化に触れたことがない。彼は、仕事をする上で日々このギャップを感じており、なんとか状況を変えたいと思っている。このままでは、ホノルルでの防諜活動全体が、自分のせいで失敗に終わるような気がしていた。普段は強引な戦術を使うことにためらいのないシヴァーズだが、地域コミュニティとの踏み込んだ関わり合いが欠けていると感じている。のちに言われる「コミュニティ・エンゲージメント」だ。ここの軍関係者たちは、ハワイの日系アメリカ人コミュニティにも合衆国への愛国心がある可能性を認めており、それを国外からの影響力に抵抗するために利用できるかもしれないと考えている。にもかかわらず、彼らの愛国心について今までまったく検証してこなかった。

ホノルルにはすでに、ハワイ大学という日系アメリカ人の知識の宝庫がある。シヴァーズは、同大学の創立理事長で地元の実業家であるチャールズ・ヘメンウェイに面会し、この問題について相談した。コミュニティの声に耳を傾ける心づもりはあるものの、誰に話を聞けばいいのかわからない。

人脈の厚いヘメンウェイ理事は、すぐに吉田重雄《よしだしげお》の名前を挙げた。[2] この三二歳の大学教授兼作家は、ハワイ島のヒロという町の出身で、大学生のころは優秀な討論者として知られていた。同じく学生のころへメンウェイ宅に下宿したこともあり、和田を含め世代を超えて生徒たちの世界観に大きな影響を与え、彼らにハワイ大学への愛校心を植え付けた人物でもある。吉田はハワイ全土でも名高く、一九三七年には弁護士の丸本正二《まるもとまさじ》とともに、ハワイ準州を代表して出張議会委員会で証言を行っている。二人は、連邦議会に出席した初の日系アメリカ人となった。

シヴァーズは、月末に吉田に会えることになった。国の未来に警戒を強めるシヴァーズは、その未来をより良い方向に導くために、この学者に会って協力を求めたいと思っている。吉田は、自分のコミュニティの忠誠心を証明させられる不公平さを、特に気に病んではいないようだ。それが彼を取り巻く現実であり、前向きに正面から向き合うよりほかないという考えである。

シヴァーズに希望の光が見えてきた。吉田となら、ハワイに住む日本人にアメリカへの愛国心を芽生えさせるための、より大きな地下組織を作れるかもしれない。コミュニティの支持を集められれば、彼らに外国からの干渉に対する予備知識や予防策を身につけさせ、政府の不当な扱いから無実の市民を守れるのではないだろうか。

シヴァーズは、ハワイの日本人コミュニティへの理解を深めるために、できる限りのことをしようと決めた。ハワイ大学に協力を依頼し、日本からの交換留学生を迎えることにしたのだ。そうして夫妻の家にホームステイにやって来たのが、小畠《こばたけ》シズエだった。シヴァーズはシズエを通して、日本の文化だけでなくフィリピン人、朝鮮人、中国人のコミュニティについても知識を広げつつある。またシズエの存在は、子供のいないシヴァーズ夫妻の〝心の穴〟を埋めてくれるものでもあった。コリーンはほどなく彼女を「スー」と呼ぶようになり、お互いに良き話し相手となり打ち解け合っている。あまりの仲の良さに、周囲は夫妻がその女子学生を養女にしたと勘違いしたほどだ。

## ヤヴォリナ

**ポーランドとスロヴァキアの国境**
**一九三九年九月一日**

早朝五時、ドイツ軍第一装甲師団の戦車部隊は進行を開始し、一時間足らずでポーランドの田舎村ヤヴォリナに到達した。これがポーランド侵攻の最初のアクションだったが、動き始めたのはここだけではない。前線全体でナチスの九〇〇機近い爆撃機と四〇〇機を超える戦闘機が、都市を次々に爆撃し飛行場を破壊した。北の先鋒はドイツと東プロイセンから、南はドイツの従属国であるここスロヴァキア共和国から、併せて二〇〇〇両以上の戦車がポーランドに押し寄せている。両部隊はそのまま進み、最終的にポーランドの首都ワルシャワに集結する。

ヤヴォリナの占領は、同じくポーランドの無名の町ザコパネへ向かうほんの足がかりにすぎず、急ピッチで前進するドイツ軍第二山岳師団の右翼部隊を守るための侵攻だった。しかしこの時点でヤヴォリナは、この星の歴史上非常に重要な場所の一つにもなった。やがて第二次世界大戦へと発展することになる戦いで、最初に陥落した地なのである。ポーランドが侵攻されたことを受け、二日後、イギリスとフランスはドイツに宣戦布告をした。

その影響は、すぐさま大日本帝国におよぶこととなる。一九三七年から続いている中国との戦争は、新たに厳しい局面を迎えていた。日本はこの戦いに勝利することもできるが、陸上部隊は広範囲に散らばり過ぎており、ゲリラの格好の標的になっている。ドイツ軍の戦車がポーランドに乗り込んだ日、帝国陸軍の勢力の半分が中国の地に縛られていた。

しかし、ヨーロッパで起きた戦争が、太平洋のバランスを日本に有利に変え始める。日本の覇権を根本から揺るがすのが、石油とゴムを国内で生産できないという事実だ。そのため、東南アジアのエネルギー産出国は、日本にとって侵略の魅力的なターゲットとなっていた。そうした地域はイギリスとフランスの植民地であり、現在、両国は自国の地で市民を守るために戦っている。

ヨーロッパにおける紛争がヨーロッパ諸国の資源と注意力を欠損させることは目に見えている。英仏二大国がそちらに気を取られている今こそ、東南アジアと太平洋における日本の支配を拡大し、自国で資源を賄える潤沢な国家に増強できる絶好のチャンスと思われた。しかしまだ、ゲーム盤の上には重要な駒が一つ、残っている。日本の行く手を阻む壁、海軍力を後ろ盾とするアメリカ合衆国だ。

# 第七埠頭《ピア・セヴン》

## ホノルル港

## 一九三九年一〇月一八日

ダグラス和田は、日本の装甲巡洋艦〈八雲〉の下甲板で欄干《らんかん》に背を預け、その姿をまじまじと観察している。この艦は今、ホノルルのダウンタウン沖にある民間の埠頭に係留されている。三〇年間の現役を経て老朽化が進み、かなり旧式でもあることから、今は練習艦としてしか使用されていない。

〈八雲〉は、日清戦争後に日本国外の造船所で建造された六隻の装甲巡洋艦のうちの一隻で、ドイツで造られた唯一のものだ。しかし、艦隊のほかの艦と同じ砲弾を使用できるように、砲はイギリス製のものを搭載している。古くなったとはいえ、軍艦は軍艦だ。日本軍の練習艦はすべて、真珠湾の外にあるこの第七埠頭に停泊することになっている。

和田自身は、ショア・パトロール（米海軍、沿岸警備隊、海兵隊の沿岸基地周辺を警護する憲兵隊）の憲兵に身を変え〈八雲〉に乗り込んでいるが、実際は海軍の諜報員としての潜入である。

一九三八年、和田は日系アメリカ人（ハワイでは頭文字を取って「ＡＪＡ」と呼ばれる）では初の海軍情報局諜報員となった。同時に海軍に入隊を許され、しかも（本人も驚いたことに）大尉に任官されたのだ。[3] これで和田は、ＡＪＡで最初のアメリカ海軍将校にもなったことになる。彼の功績を知る者はほとんどいない。しかし、このＡＪＡ初というプレッシャーは、日々和田にのしかかってきた。

第一四管区情報局にも変化があった。日米の外交関係が悪化の一途をたどるにつれ、任務内容も深刻さを増していく。顔ぶれにも変化があった。同じ年にウォルター・キルパトリックが第一四管区情報部を去り、後任にＷ・Ｈ・ハート・ジュニア大佐が着任した。しかし、リングルは残り、和田の師として心強い味方であり続けている。[4]

正式に諜報員になれば副業がなくなり楽になるかと期待していたが、すぐにショア・パトロールの憲兵たちに協力するよう任ぜられた。酔っ払った水兵に絡まれた日本語しか話せないバー店主の事情聴取を手伝える人を、急ぎ海軍から誰か、誰でもいいから派遣してほしいとの要請があったのだ。[5]

しかし彼には、フィールドワークの機会も与えられている。税関検査官に扮して、アメリカ海軍に不利益となる文書を船客の手荷物から探し出す任務を負っているのだ。和田は検査官の中に、村上《むらかみ》〝ハンチー〟登《のぼる》という同じ二世がいるのを知って喜んだ。二人は、日本郵船株式会社の客船に乗り込んで、乗客が見ていない隙にスーツケースや荷物を調べる任務を一緒に担当する。乗客名簿を使って、かつての和田のように日本に長期滞在していた人を拾い出し、その人たちの荷物を重点的に検査するのである。村上と和田はすぐに打ち解けて、親友になった。村上もほかの検査官たちも、和田を地元警察の所属という認識で、まさか海軍だとは想像もしていない。[6]

一九三九年九月のある日、近々日本の海軍がカリフォルニアへ向かう予定で、二年ぶりにホノルルに寄港するというニュースがショア・パトロールに入ってきた。ヨーロッパと中国で戦争が激化する中、日米間の緊張を和らげる外交努力の一環として、数名の上級司令官が来布するとのこと。同市に本部を置くハワイ日系人連合協会は、数カ月前から商工会議所で企画会議を開くなどして、地元民のもてなしの心を見せるべく歓迎の催しを計画している。[7]

この訪問は、帝国海軍にとっても、ハワイの軍事施設を含むアメリカ最西端の地域を偵察するよいカモフラージュとなる。ならばお互いさま、ということで、和田はショア・パトロールという隠れ蓑を使い、海軍情報部に代わって日本の艦隊の様子を静かに探るよう命じられた。

「和田！」ショア・パトロール隊隊長のジョージ・ディッキーが呼んだ。一〇月一八日の今日、和田はディッキー隊長がこの練習艦隊（このとき寄港したのは〈八雲〉と〈磐手〉の二艦）の司令官と話すときの通訳を務めるためにここにいる。その司令官は今まさに、まるで歩く銅像のごとくこちらに近づいてくる。これは、ショア・パトロールにとって、艦隊のトップ、澤本頼雄《さわもとよりお》中将との最初の表敬訪問だ。澤本に伴って降りてくるのは、〈八雲〉艦長の山崎重暉《やまざきしげあき》である。

和田は、敬意を見せる真面目顔を作ってから、欄干を離れた。日本人将校らと丁重なお辞儀を交わしたあと、ディッキーが出迎えの挨拶を述べ、横で和田が通訳をする。「ホノルルへようこそ。ご滞在中はご多忙かと存じますが、何か予期せぬことが起きましたなら、どうぞ遠慮なく我々にご相談ください。まずは、この島の名所をご案内させていただきます。そのうちのいくつかは、ここから眺めることができるのですよ……」

日本の艦はオアフ島に六日間滞在し、和田のスケジュールは歓迎会やら観光案内やら、演説会や会議やらで埋め尽くされた。和田は少なくとも一、二度、ほかの憲兵たちが気づくほど酔っ払ってショア・パトロールのオフィスに戻ったことがある。

「一、二杯飲んだだけですよ……」と、しどろもどろに誤魔化した。[8]

六日間の滞在が終わり、艦隊がヒロへ向かったあと、和田は『日布時事』で日本軍の訪問について肯定的な社説を読んだ。「練習航海は、いろいろな意味で重要である。帝国海軍の兵士らにとって、海外に住む日本人を慰問する良い機会となる。士官候補生にとっては、訪問先の知識を得たり友を作ったりでき、海軍士官となったあかつきには訪問国のことをより深く理解できるようになるだろう。

こうした艦隊外交は、日米間の関係改善に大いに役立つと思われる」[9]

## 連邦政府庁舎《フェデラル・ビルディング》
ホノルル
一九四〇年二月一二日

ダグラス和田が読んでいた地元邦字紙『日本週報《にっぽんしゅうほう》』の紙面に、影がぬうっと被さった。リングル少佐である。「ブラックルームへ」一言だけ告げた。

和田は、長テーブルを立った。このテーブルがオフィスの諜報員たちの共有スペースだ。和田には自分の机も電話もない。和田の存在が蔑ろにされているわけではなく、職員が増えたあとも情報局には机が足りないままなのだ。最悪なのは、たとえ机と椅子を当てがわれたとしても、どれも安っぽくて座り心地の悪いレンタル品だということである。

第一四管区情報局に配属された諜報員はわずか一三人で、和田の存在はますます大きくなっている。彼の語学能力は希少な上に、大変需要が高い。三七〇〇人の二世を対象に軍関係者が行った調査では、言語熟達者と判断されたのはわずか三パーセントだった。ほかに四パーセントの人が達者な日本語を話したが、現場で使うには十分でなかった。和田が優れているのは、日本での留学経験と仕事への意欲、そして語学センスの良さがあることだ。日本語の翻訳は、言葉が流暢ならできるというものではない。文脈を読めることが重要なのだ。ハワイで生まれ育ち日本に留学した和田は、ほかの人にはない経験を持っている。

日々の仕事は、主に翻訳作業である。日本政府お抱えのニュースサービス「同盟通信社」から配信される日報を翻訳している。同盟は日本国外にも支局を置いてネットワークを維持し、世界各地に記者を派遣している。そうした記者たちは、知らず知らずに大日本帝国のためのオープンソース・インテリジェンス（一般に公開されている情報を利用した諜報活動）を生み出していた。同盟通信社はまた、政府制作の映画やラジオ放送によるプロパガンダの拡散手段として、ニュースを国外に輸出している。それらに加えて、和田は十数紙におよぶ地元発行の邦字新聞の翻訳も任されていた。地元の一般公開情報を翻訳する作業は、まさに消火栓から水を飲もうとするようなものだった。

和田の語学力は聴取や尋問の通訳にも重宝され、そのうち取り調べ自体も任されるようになっていく。彼が話を訊く相手の中には日本からの帰国者もいるが、そのやりかたは尋問とは程遠い。和田にとって、話を聞き出す秘訣は、相手に対して礼を尽くし日本人の感性を理解して寄り添うことにある。ハオレたちにはできない芸当だ。彼にかかれば、一般の旅行者でさえ無自覚のうちに日本国内の〝空気〟を伝える有益な情報源となり、和田の報告書に色を添え、また軍の地図製作者に重要なデータを提供していた。

しかし、彼が最もやりがいを感じるのは、ブラックルームに呼ばれたときである。この部屋では、より機密性の高い情報源から得た資料を翻訳する。傍受した無線や、個人的な手紙、違法に入手した文書などだ。ブラックルームに入れるのは、リングル、ハート、そして和田だけである。[10]

しかし、和田がそうした機密情報を扱うようになればなるほど、海軍の上層部はそれに伴うリスクにあまり気を回さなくなり、和田には自分の仕事のことを秘密にするよう求めるようになった。和田は組織内での自分の地位が上がっていくのを感じていたが、同時に潜入捜査からは外されていることに気づく。

この若い翻訳者への信頼が政府庁舎内で高まるにつれ、彼自身と日系コミュニティとのあいだの溝は広がっていく。[11]混み合うオフィスを出て慣れ親しんだカパラマ地区に戻っても、軍から疑惑の目を向けられた人たちに囲まれている。そのほとんどは、自分たちを取り巻く隠密の世界に気がついていない。和田は、自分の仕事について嘘をつかなければならなかった。隣近所には通訳をしていると言い、初対面の人には保険のセールスをしていると言う。これは、必要なときに使うようにと管区情報局が和田に用意した偽装身分だ。

ホノルルの二世コミュニティの中に一人、和田が特に関心を寄せる人がいる。ヘレン太田（太田フサヨ・ヘレン）だ。ヘレンは、母と妹と継父とでキング通り脇のウェブ・レーンに住んでいて、和田とは近所同士である。カウアイ島出身の一九一二年生まれで、一つ年下だ。ヘレンの母キクは夫を亡くしてからオアフ島へ移り住み、一九四〇年には娘二人のほかに一〇歳年上の川添《かわぞえ》興《よ》七郎《しちろう》と一緒にホノルルのダウンタウンで暮らしていた。ヘレンにはほかにも姉二人と兄が一人いるが、カウアイ島に残っている。和田同様、彼女も十代で日本へ渡り両親の故郷である横浜に滞在していたが、一九二六年、一四歳のときにハワイに戻ってきた。[12]

和田はホノルルで生活を築きつつある。しかし、芽生えてしまった諜報員としての本能をオフにすることが難しくなってきた。海軍情報局の訓練マニュアルに「捜査員は、ある意味で、常に勤務中である」と忠告されている。確かにそうかもしれないが、そう言われたとてカマ・レーンでの日常生活が楽になるわけではない。

## YMCAヌウアヌ支部

**ホノルル**
**一九四〇年五月二二日**

丸本正二は、パーティー会場として準備されたこのダウンタウンYMCA（キリスト教青年会）体育館で、今夜の主賓が壇上に上がるのを見守っている。

この晩餐会は、伏見宮《ふしみのみや》記念奨学会の新理事会発足を祝うもので、丸本も新たに理事に就任した一人だ。今夜のゲストスピーカーは、在ハワイ日本総領事の郡司喜一《ぐんじきいち》である。郡司は経験豊富な外交官で、次第に好戦的になる本国の外交政策を展開するのと同時に、地域社会との親睦にも力を注いでいる。

郡司のスピーチのテーマは、一九三七年に自身が領事を務めた英国統治下のシンガポールの状況についてで、少々社交辞令的なものでもあった。一九三〇年代、アメリカ、イギリス、日本は、シンガポール国内の反日感情を抑え込むことに共通の関心を持っていた。現地の抗日活動に中国共産党員が関与していることが確認されたためである。数十年続いてきたハワイでの日米文化協力を称えて集まった人たちの前で話すのには、ふさわしいテーマといえるだろう。

伏見宮記念奨学会は、日系アメリカ人学生の日本語教育に三〇年以上にわたって資金を提供してきた。この取り組みは、一九〇七年にハワイを訪れた伏見宮貞愛《さだなる》親王が二〇〇ドルを寄付したことから始まったものである。同協会はまた、ハワイ図書館内の東洋文庫の創立にも貢献している。

伏見宮記念奨学金プログラムは、ハワイ日系コミュニティのリーダーたちによって運営されており、そのうちの何名かが今夜ここへ来ている。一世の重鎮の一人である毛利伊賀《もうりいが》は、一八九一年からハワイで診療を行っている日本人医師だ。彼はまた、日本人慈善会や日系人連合協会、増給期成会ともつながりがあり、地域社会のために積極的に活動するリーダーとして人望を集めていた。その上、日本総領事館の顧問も務めている。

しかし、この度加わった新任の理事たちは、近年影響力を増す新世代の代表者、威勢のいい二世たちである。中でも丸本はその先駆者的存在で、ホノルルのマッキンレー高校に通い伏見宮奨学金を受け取った、ハワイのサクセスストーリーの原型とも言える人物だ。ハーヴァード大学法科大学院を卒業したのち、故郷のホノルルへ戻って弁護士になった。一九三九年一〇月には、連邦最高裁判所に弁護士として立つことを認可された。しかしその三日後、彼の快進撃は悲劇的な幕引きを迎える。父、玉次郎がワシントン訪問中に、電気バスに轢かれて亡くなったのだ。[13]

丸本は、影響力ある弁護士に成長したロコボーイというだけに留まらない。いくつかの大規模な慈善団体や市民団体の運営にも携わる、新進気鋭の若手である。その一つが一八九二年に設立された日本人慈善会で、丸本は事務局長も務めている。幹部の中で唯一のアメリカ生まれだ。この団体の功績として最もよく知られるのが、一九〇〇年に中国人街および日本人街を襲った大火で焼け出された人たちを収容するため創設された、「日本人慈善病院」（現在のクアキニ医療センター）である。一九一八年には、大正天皇から多額の寄付を得て、クアキニ通りに大規模な医療施設が建設された。四エーカーの敷地に一二病棟、一二〇床以上を有するこの病院は、ハワイで二番目に大きい民間病院である。

丸本は、仏教青年会（ＹＭＢＡ）の会長も兼任している。本派本願寺ハワイ別院の住職、今村《いまむら》恵猛《えみょう》が、日系コミュニティにとってのＹＭＣＡに相当するものとして結成した団体である。創設者の今村は一九三二年に亡くなり、ＹＭＢＡは丸本をはじめとする新鋭の二世リーダーたちの手に委ねられた。

戦争になった際に抵抗勢力を組織できる立場にあるとして誰が要注意人物リストに載るかを考

えるとき、丸本はその条件を十分満たしているように思われる。[14] しかし、この弁護士の本当の思惑は、ほどなくして米防諜コミュニティの前に明かされることとなる。
丸本には、日本人NPOのために水面下で行っている活動があった。それは、そうした日系人団体を地元および連邦当局の行き過ぎた捜査から守ることである。諜報機関の注意を引くために丸本が考えた戦略は、裁判で軍諜報員を証人として召喚し、スパイの嫌疑をかけられた団体メンバーについて、すでに調査済みであり疑いは晴れていると証言してもらうことだった。
第一四海軍区情報局に証言を要請する際、丸本が指名した人物の一人がダグラス和田だった。和田がどのようにしてこの訴訟に巻き込まれたのかは不明である。丸本は多数の団体に関与しており、弁護士としてさらに多くの団体の代理人を務めてもいたため、この訴訟がどの団体に対するものかはよくわからなかった。おそらく和田は、その団体に関する情報を取捨したか、あるいは捏造したと思われる。和田がこのように日本人団体関係者と接触することは、まさに最近和田の上司が避けたがっていた状況にほかならない。そのために和田をオフィスに留め置き、街頭レベルの諜報活動をさせないようにしていたのだ。[15]
和田は丸本弁護士に証言を提供する際、自分がただの翻訳者ではなく実は諜報員であることも明かしている。多くの軍関係者を驚かせたのは、丸本がこの若い二世の立場を秘密にすると誓ったことだった。和田はこの計らいに深く感謝し、その思いはその後長らく消えることはなかった。[16] 丸本弁護士が二世諜報員に同情的だという噂が、防諜コミュニティのあいだで広まった。

五月下旬、丸本は処女航海に出た日本の豪華客船の船上パーティーに招かれ、ＦＢＩ主任特別捜査官のロバート・シヴァーズと隣の席になる。この出会いは、おそらく偶然ではないだろう。和田をかばったのはアメリカへの忠義の表れだろうし、ともにハワイ代表として議会委員会で演説を行った吉田重雄のお墨付きもある。影響力のあるこの人物をシヴァーズの〝愛国心育成団〟に引き入れれば、その取り組みに新しい風を吹き込めるやもしれない。

クルーズでは、学識者たちの世間話に花が咲き、丸本は何を話したか翌朝にはさっぱり思い出せないほど酔っ払ってしまった。しかし、どうやら彼は、例のＦＢＩの男と会うことに同意したようだ。その証拠に、シヴァーズが丸本のオフィスに電話をかけてきている。その日の午後、シヴァーズのオフィスを訪れた丸本は、ワシントンＤＣから反日的な情報が殺到していることを聞かされる。

「日本側の話を知りたいのです」シヴァーズが言う。「協力していただけませんか[17]」

# カマ・レーン

ホノルル
一九四〇年七月二八日

ハワイは、夏が特に素晴らしい。結婚式に最適な季節である。

ダグラス和田は、金刀比羅神社の儀式殿の中央に立ち、花嫁のヘレン・フサヨ太田《おおた》を緊張した面持ちで見つめている。磯部節宮司が祭壇の右側に立ち、左側に巫女《みこ》が一人立っている。祭壇には氏神に捧げる塩と果物、そして三三九度に使う大、中、小三つの盃が置かれている。ヘレンは華やかな着物姿で、ダグラスは黒いスーツ、襟に花を一輪留めている。

新郎と新婦は、それぞれの盃を交わすごとに、計三度、夫婦の契《ちぎり》を結ぶ。まず、巫女が一番小さな盃に神酒を注ぎ、それをダグラスから先に三度にわけて飲み干し、空いた盃をヘレンに渡す。ヘレンも同様に神酒を注いでもらい飲み干す。次に中くらいの盃で今度はヘレンから、そして最後の盃は新郎のダグラスから、同じように神酒をいただく。良いときも悪いときも永遠に寄り添えるようにとの祈りだという。

参列者の中に、ケネス・リングルとマーガレットの姿はない。第一四海軍区の重鎮だったリングルは、六月にカリフォルニア州の「日本人問題」を評価する任を負い異動になったのだ。彼は現在、同州における対スパイ活動の最前線、ロサンゼルスの第一一海軍区情報将校補佐である。

和田をはじめ、リングルの上司や部下の多くが、リングルがいなくなったことを嘆いている。クラスメートであり、不思議な取り合わせの友人だったリングルが、和田をこの奇妙な道に導いたのだ。なのに、彼はもういない。幸い、リングルの後任としてデンゼル・カー少佐が管区情報局に配属された。カーはハワイ大学の教授で、京都の学校で教鞭をとったこともある海軍予備役兵だ。何より、彼は和田のスキルとその立場の独自性を高く評価している。

和田の能力を買っていたのは、カーだけではない。最近は、和田に来る任務は管区情報局以外からのものがほとんどだ。日本の外交官や海軍司令官らが使う暗号の解読といった通信諜報を目的として、一九三九年に創設された戦闘情報班、通称「ハイポ」もその一つである（「ハイポ」は当時の軍事通信で「H」を表す音標文字で、ハワイを示した。「FRUPAC（太平洋艦隊無線班）」とも知られる）。ハイポは真珠湾基地の本部ビルの地下という〝絶好の場所〟に置かれていて、そのあまりの陰気さに「地下牢」と呼ばれていた。主な目的は、日本の艦隊を追跡し、その行動の意図を読み解くことである。ハイポは膨大な仕事を抱えていたが、人員はまったく足りておらず、将校らは海軍のほかの部隊にも応援を求めている。一九四〇年からハイポの指揮官を務めるジョセフ・ロシュフォートは、イェール・マクソン少佐（第一四管区情報局の主任翻訳者）と仲がいい。

和田とカーの「ブラックルーム」のスキルは、日本軍からの無線通信を翻訳するために時折ハイポに貸し出されるようになった。海軍はハワイにいながらにして、ブエノスアイレスから日本へ送られる通信を傍受することができる。そうした無線はしばしば、ドイツからの伝文を中継していることもあった。ハイポにとってさらにありがたいのは、和田が時折日本の戦闘機と航空母艦とのあいだの通信を受信し、戦艦位置の特定に有用な情報を書き起こすことができる点である。[18] 和田はハイポでは働かないが(「地下牢」などと呼ばれるところで働きたいとは思わないのも頷ける)、こうした機密性が極度に高いスパイ合戦をしていると、バックオフィス(事務管理部)よりも諜報活動の最前線に近づけている気分になれた。

和田は最近、日系人であること、地域社会、そして国家の安全保障の仕事とのバランスをうまく取れるようになってきている。そんな日々の中、ストレスの発散になるのは、やはり野球である。和田は、日本人選手だけの私設リーグを運営している。また、アメリカ国籍を持つ者に限るがさまざまな人種を受け入れている人道支援組織、ライオンズクラブにも所属している。[19]

和田親子ほどハワイ一世と二世の方向性が劇的に違う例は、ほかにないだろう。一九四〇年に新進気鋭の諜報員としてキャリアを積む二世の息子と、当局が大日本帝国政府の前哨と怪しむほど神道神社の建造に打ち込み日本の伝統を守ろうとする一世の父親——。和田は、結婚したことで、日本文化やコミュニティから少し距離を置き、職場の同僚たちと同じ種類の人間になれるチャンスを手にした。それでも和田とヘレンは、慣れ親しんだ土地で新婚生活をスタートさせている。夫妻は、和田の姉妹や両親の家から数軒離れたカマ・レーン一三〇四番地に所帯を構えたのだ。子供がもう一人増えた姉イトヨの家族は、両親とともにカマ・レーン一一一〇番地に住んでいる。妹のハナ子はウェイトレスの職を得て実家を離れ、ヘルズ・ハーフ・エーカー（一九六〇年代まで存在したスラム街）のホール通りに引っ越した。[20] この地区は、名前から想像するほど悪い場所ではない。低所得者向けの住宅に加え、バー、商店、レストランや映画館が立ち並ぶ、活気に溢れた多民族の街だ。

和田は、家族と祖国アメリカのあいだに歓迎し難い溝を感じているが、どちらか一方を選ぼうなどとは考えたこともない。伝統的な結婚式を挙げたのも、カマ・レーンに新居を構えたのも、彼が両親や宗教や日系コミュニティから距離を置いていない証拠である。

二つの文化のあいだで良いバランスを保てていると思っていた和田だったが、七月二九日、いつも通り複数の新聞を順番に読み始めてしばらくすると、その感覚は消え去ってしまう。そのうちの一紙は、フランクリン・ローズヴェルト大統領が州兵動員を最近になって呼びかけたという記事を一面に掲載した『日布時事』だ。和田はすぐ、地元のニュースに目を通し始めた。「日本人慈善病院で看護婦を募集中、三カ月の研修プログラムを提供」「USS〈ヨークタウン〉の海軍医中尉、ホテルのバルコニーから転落死」「新しく着任の奥田《おくだ》乙治郎《おとじろう》副領事、ホノルル市長チャールズ・クレーン氏とともに、石井ガーデンでの日本人請負業組合の晩餐会に出席」[21]

スポーツ欄へ移動する途中、漫画のページをめくろうとして、ある見出しが目に留まった。「ダグラス和田、ヘレン太田と結婚」読みながら思わず微笑んだが、短く記された次の文章に和田の顔が曇る。「かつての野球界のスターは……地元海軍情報局に勤務」

彼が潜入していた新聞社は、彼が思っていたほど鈍くはなかった。彼らは和田の現在の仕事を知っている——そしておそらくは、新聞社内での秘密の役割についても……。いや、もしかしたら、家族の誰かが結婚の情報を送ったときに、うっかり和田の本当の職業を明かしてしまったのかもしれない。

身分が公になってしまったことは痛恨の極みだが、まだ最悪の事態は免れている。この記事は、彼が実際の諜報員だとは一言も書いていない。それに、海軍が彼の立場について予防線を張っているおかげで、和田は厳密には潜入工作員ではなかった。こんな曖昧《あいまい》な暴露で海軍翻訳者としての仕事ができなくなることはないはずだ。それに、管区情報局にとって和田は、手放すには価値が高すぎる。とはいえ、この記事は彼の心に小さなトゲを残すこととなった。

## フォート・シャフター

ホノルル

一九四〇年八月二四日

トーマス・グリーン陸軍中佐は、この度赴任したフォート・シャフターから、カリヒ渓谷とモアナルア渓谷を眺めている。この陸軍司令部の所在地はホノルル市内ではあるが、ダウンタウンとは離れており、海岸平野から隆起した稜線上に位置している。山々の頂が地平線の上にぼうっと浮かび上がり、人の手が入っていない場所はどこも青々と生い茂った草木で覆われている。この風景は、まるで異質なものに思える。ここにいる人間の多くもまた然り。

グリーンは、日系二世と一世のあいだの繊細な問題はもちろんのこと、日本の文化についての知識や経験がまったくないことを、あけすけに認めている。しかしながらこの人物は、太平洋戦争開戦ともなればハワイ日系人の運命を握るキーパーソンなのである。彼は現在、陸軍幹部らの中で働いている。アレクサンダー・ヤング・ホテルにあったハワイ軍管区（ハワイ全域の陸軍部隊の活動を管理する省）司令本部は、一九二一年六月にここフォート・シャフターに移転した。

グリーンは、陸軍に着任したばかりの弁護士で、法務官を務めている。一九一五年にボストン大学を卒業し、翌年マサチューセッツ州兵の騎馬隊に入隊してメキシコ国境に派遣された。軍隊の生活が肌に合い、正規軍に入隊。第一次世界大戦中は、第一五騎兵隊の少尉として海外に従軍し、帰還したときには連隊長になっていた。

一九二一年、グリーンはルース・タットヒルと結婚したのち、ワシントンDCへの異動を命じられ、ジョージ・ワシントン大学法科大学院で修士号を取るかたわら陸軍次官補室に勤務した。ニューヨーク市でいくつかの任務を終えたあと、一九二五年に法務総監局に異動になり、大戦中に抑留されたドイツ人からの賠償請求裁判を手伝っていた。

グリーンがハワイに来たのは、「戒厳令」の定義を探るという、弁護士としての使命を帯びていたからである。戒厳令とは、連邦最高裁判所の判例によってかろうじて保護されている曖昧な用語である。一八四九年、最高裁はルーサー対ボーデン事件において、軍による政権掌握の合法性を支持したが、この事件は主に州（ロードアイランド州）の主権の所在を争点としていたため、「戒厳令」という語を法律用語として明示することはなかった。南北戦争後、連邦政府が戒厳令を発動した例は、州レベルでの発動に比べてはるかに少ない。また、差し迫った危機に対応すべく戒厳令を行使するのは、大統領よりも軍の将官であることが多いのである。たとえば、一九二〇年、フランシス・マーシャル将軍は、暴徒化したリンチ集団から裁判所を守るために、ケンタッキー州レキシントンに戒厳令を敷いた。

グリーンは、判例上のグレーゾーンを利用できるのではないかと考えていた。そして「戒厳令は法律ではないし、その制限や責任の範囲はどこにも明確に定義されていない」と書き記している。[22] この解釈を、四人いる陸軍管区司令官のうちの一人、チャールズ・ヘロン将軍に伝えるつもりだ。戒厳令を陸軍の都合のいい形で行使しようという考えは、ハワイ市民に対する彼らの戦争計画がどのようなものになるかを示唆している。

それには、グリーンのもう一つの任務である、日本との戦闘が開始された場合に発令される「一般命令」の草案の作成も含まれていた。グリーンの構想は、政府の全機能をホノルルにいる陸軍総司令官一人の統制下に置くというものだ。この枠組みが完成すれば、軍政府総督がハワイの文民政府を乗っ取る計画ができあがる。

## デリングハム・トランスポーテーション・ビルディング

ホノルル
一九四〇年九月

ロバート・シヴァーズ特別捜査官にとって、自分がこれからする要請が司法省とローズヴェルト政権を動揺させるであろうことは承知の上だ。だが、そんなことは気にしない。彼は、FBIの上層部に、ハワイで勤務する二三四人の代理領事全員を逮捕するよう進言する気でいる。二年前、連邦議会は外国代理人登録法を制定し、他国の政府のために働く者は誰であれ、合衆国に届け出ることを義務付けた。この法律は、プロパガンダ活動や敵国との結託を阻止するために設けられたもので、シヴァーズはこれを利用して日本総領事館の支援網を解体したいと考えている。数百人にのぼる領事館職員全員が有罪であるはずがないことは重々承知している。しかし、この大量逮捕で悪者は一気に排除できるはずだ。

陸軍防諜局のホノルル地区局長を務めるジョージ・ビックネル中佐は、領事館上層部から直接雇われた職員を、外国代理人登録をしなかった罪で起訴することに賛同している。しかし、ハワイ軍管区陸軍司令長官のウォルター・ショート中将はそれに同意せず、階級上ショートの発言のほうに重きが置かれた。

ショートは、現在スコフィールド・バラックス陸軍基地で基礎訓練に励んでいる二世たちに注目している。彼らはすでに、非常に献身的であり学習スピードが速いことも証明していた。ショートは、第二九八連隊と第二九九連隊を州兵統合部隊として再編成したいと考えており、今後の徴兵に二世を加えることも視野に入れているのだ。日本人外交官や現地職員たちを逮捕すれば、ショートの取り組みを妨げるような反発が起きるかもしれない。

陸軍長官のヘンリー・スティムソンが司法省に提言したのは、スパイ組織の存在を知らせる諜報《FBI》の専門家からの警告ではなく、こちらの主張だった。「我々は現在、ハワイ在住の日本人に公正な扱いを約束することで我が国への忠誠を促すべく、対プロパガンダ活動に力を入れている」と。

司法省はシヴァーズに、逮捕も起訴もしないよう通達した。外交官や彼らの現地アシスタントがもたらす脅威が差し迫ったものであることをＦＢＩと軍諜報機関が証明できない限り、同日本人らは引き続き監視下に置かれるものの、アメリカ領土内では自由の身であるとされたのだ。

# 第三章　ゲームの駒は揃った

## 大日本帝国海軍軍令部

東京
一九四〇年一〇月

吉川猛夫は上官を前にし、努めて平静を保とうとしている。彼の運命がこれから言い渡されるのだ。二八歳になった吉川は、高い語学力と豊富な軍事知識を身につけており、海軍本部が信頼する目として耳として、間もなく敵地になるであろう土地での潜入捜査に適材だと自負している。つい五日前、ドイツ、イタリア、日本の代表が、三国同盟と呼ばれる防衛協定に署名をした。ひとたび戦争となれば、再び世界戦に発展するのは必至だろう。

吉川はこの三年間、英語を学び、アメリカ海軍に関するあらゆる資料を可能な限り取り寄せて読み漁った。彼が持っている『ジェーン海軍年鑑』は、アメリカの軍艦の章を相当読み込んだとみえて、ページが擦り切れているほどだ。それに、今では言語の専門家として十分通用するほど英語が堪能である。吉川に与えられた任務の一つは、傍受した短波通信を分析・翻訳して、有益な情報を拾い出すことだ。西アフリカのシエラレオネ（当時は英国植民地）からリヴァプールへ向かうイギリス船を特定した彼の働きのおかげで、ドイツのUボートはそれらを撃沈するにいたり、アドルフ・ヒトラーから感謝の手紙をもらったと、のちに吉川は話している。[1]

「君には、書記官としてホノルルへ行ってもらう」軍令部第三部の情報部長である大佐からスパッと言い渡され、吉川の背筋が伸びた。「短波無線送信機は、無線方向探知機で簡単に発見されてしまう。そこで君は外交官として現地へ赴き、米艦隊や基地の日々の準備状況を、暗号化された外交公電を使って報告するのだ。それが唯一、真に安全な通信手段と考えられている」外交官を装っての任務があるかもしれないことは、二カ月前から予測はしていた。八月二二日、日本政府は外交団を一新すると発表し、ハワイの郡司喜一総領事を含む四〇人の日本人外交官を本国に呼び戻したのだ。大佐は少し間を置き、神妙な面持ちでこう言った。「言うまでもないが、これは非常に重要な任務である」

「はっ」吉川が力強く返事をする。帝国海軍では、これ以外の返答は許されない。

「今回の作戦の指揮は、新しく着任する総領事が取ることになっている」部長がキビキビと続ける。「現在駐広東総領事を務める喜多長雄《きたながお》は、現地の諜報活動や諸問題に関して帝国海軍と密に連携している。信頼のおける男だ。君に全面的に協力してくれるだろう。喜多が先にホノルル入りし、君はそのあと出発する」

ここまで言い終えると、大佐は口調を和らげ、初の潜入任務に向かう直前の吉川諜報員に得難い助言を与えた。「敵を欺くには、まず味方から、ってな[2]」

## アレクサンダー・ヤング・ホテル

ホノルル
一九四一年一月一五日

ダグラス和田はアレクサンダー・ヤング・ホテルの搬入口のプラットフォームに立ち、海軍のトラックから重たい機材や家具を運び出す作業員の仕事ぶりを眺めている。今日は、第一四海軍区情報局の引っ越しの日だ。

和田は、あの狭苦しくて陰鬱な雰囲気の連邦政府庁舎に何の未練もない。場所替えにはそれほど時間も労力もかからないはずなのだが、海軍は奮発して、防諜活動の拠点にホノルルで一番豪華な建物を選んだのである。

海軍らしく無難なデザインの新品の机が多数、荷台から降ろされてくる。政府庁舎で使っていたみすぼらしいレンタル家具とは、ようやくおさらばできる。和田は、裏手にある搬入口を離れて建物の正面に回り込み、ホテルの威風堂々としたファサードに沿って歩いた。二〇〇室を有するこのホテルは、ホノルルのダウンタウンの、「開拓者通り」とも呼ばれる目抜き通り沿いに、一街区全体を陣取って寝そべっている。

ホテル正面は、一・五階に相当する高さのアーチが連なり、コリント式の柱頭を掲げた二本の飾り柱が高くそびえ立っている。横長の長方形の建物の両脇には、砲台《タレット》を思わせるどっしりとした翼棟がそれぞれ鎮座する。和田の新しいオフィスは、六階の〝マウカ〟（海に面していない、文字通りの「山側」）だ。

一階にはさまざまな店舗が、屋上にはバーラウンジがあり、ほかのフロアは大広間だったり客室だったりする。また、オフィスも数十軒入っていて、その多くは政府機関が借りている。その一角が軍の割り当てだ。このホテルには独自の発電所と井戸があってライフラインを自給できる上に、真珠湾の海軍基地からわずか数キロしか離れておらず、戦略的に優れた場所といえる。

建物の中はというと、こだわり抜いた装飾の素晴らしさに、和田はただただ感心するばかりだ。アレクサンダー・ヤングは、ホノルルの商業、行政、社交の中心拠点となるようにと、一九〇二年にこのホテルを建設した。そしてその願い通りになっている。建造には財を惜しまず、世界中から最高級の建材を探し求めたという。カリフォルニア産コルサ砂岩の板岩を支えるのは、ニューヨークから取り寄せた鉄と鋼。スコットランド産の花崗岩から彫り出された華やかな壁飾りが館内を彩り、ロビーにはバーモント産の大理石で造られた大階段が裾を広げている。開業当時はハワイ全土で最も大きなホテルだった。三〇年以上経った今でもアメリカ屈指の高級ホテルに数えられている。

海軍が押さえた六階ウィングは、元は専用の厨房を備えた宴会用大広間《バンケットホール》で、「ゴールデン・ルーム」と名が付いていた。今は引っ越しの作業員たちが、埃を巻き上げながら大忙しで働いている。衝立てを移動させようと引きずる金属音など、ゴールデン・ルームの中にいくつかの新しい部屋が作られていく音で騒々しい。[3]

ハート大佐は、管区情報局のために追加のスペースを確保していた。六階の一部はすでに埋まっていたが、使える空間は広いに越したことはない。新しいスタッフが十数名加わる予定なので、これで彼らが働く場所も用意できるというものだ。和田にとっては、人手が増えるのはありがたいことだが、それは日本と戦争になる確率が高まっていることを意味し、開戦に伴う在ハワイ日本人に対する一斉摘発の可能性が増したことも示唆していた。

海軍の諜報員らは現在、ハワイのすべての日系民間団体を、日本総領事館が組織するスパイネットワークの一部とみなしている。一九四一年にまとめられた海軍情報局の報告書の一つに「領事組織および日系移民による活動の中心となっているのは、喜多長雄総領事の指揮下にあるホノルル日本総領事館である」と記されている。「日本政府の施策を広めるために、ホノルルの日系人連合協会、ホノルル日本人商工会議所、ヒロ日本人商工会議所、ヒロ日本人会、および日系新聞各社など、知名度の高い団体のサービスが利用されているようだ」[4]同報告書には、ハワイ準州内で最も主流な団体の一部が挙げられていた。

海軍情報局が疑わしいとしてリストアップした日系組織は、八八団体にのぼる。軍情報機関の目には、組織が大きいほど、より多くの問題を引き起こす可能性があると映る。海軍情報局の報告書には「ハワイの日系市民は誰もが、一つ以上の〝純日本人の団体〟に所属しているようだ」とも書かれている。「しかしながら、その中でもスパイ活動や破壊工作、そのほか合衆国の国益に反する行為に従事しやすい立場にある、より重要度の高い団体に監視対象を絞るべきである」[5]

日系人に対するこうした計画や不当な分類にもかかわらず、ハワイの諜報の専門家たちは――〝容疑者リスト〟の作成に携わる者たちでさえも――ハワイに暮らす日系人のほとんどは正直で忠実な人たちだと考えている。しかし、それが必ずしもアメリカへの愛国心を意味するわけではない。軍諜報機関は大半の日系市民について、日本とアメリカのどちら側に対しても害をおよぼすようなことはないものの、両国への相反する想いの中で葛藤を抱えていると観察している。

ハワイの一世も二世も、世代間で考え方の違いはあるものの、アメリカにとってさほど脅威になるとは思えない。一世の多くは、権威主義によって見る影もなく歪んでしまった母国と、自分たちを信用しようとしない新国家との板挟みにあって偏狭的になりがちであり、そのことが余計に当局に疑心を抱かせていた。一方で二世は、自分たちのルーツはアメリカにあるという想いが強く、大半の人が公共サービスを通じた大日本帝国の活動から積極的に距離を置こうとしている。[6]

ダグラス和田は、二世の多くが甘やかされて育っていると思っており、彼らについてあまり良い感情は持っていない。「ほとんどの連中は何の努力もせずのほほんと暮らし、気が向いたときに働くだけだ」和田は二世について聞かれると、そう答えていた。「それでも、彼らの忠誠心は自分同様、アメリカにある」[7]

## ヌウアヌ通り

**ホノルル**
**一九四一年一月**

セオドア・〝テッド〟・エマニュエル准尉は、潜入工作員になるために海軍に入ったわけではない。船舶事務主任の彼の仕事は、航海上の内部記録や報告書、通信などを管理することである。しかし、第一四海軍区情報局に配属された今、またしても潜入任務を与えられ〝もう一つの国〟の通信を捉えようとしている。[8]

今日、エマニュエルはホノルルの街角で電話修理工に扮し、ヌウアヌ通り一七四二番地――日本総領事館――付近のジャンクションボックス（回線接続箱）で、慌てるでもなく作業をしている。シヴァーズ特別捜査官が総領事館の電話を盗聴する許可をＦＢＩの上層部に取り付けている間に、ハート大佐が先行してゴーサインを出したのだ。

盗聴器を仕掛けるときに最も難しいのが、ターゲット回線を正確に見極めることだが、今回は簡単に見つけることができた。あとは、回線をつなぐのに必要な二本の電話線から、それぞれ一部の絶縁体を削り取るだけでいい。むき出しになった銅線に金属クリップで延長配線をつなげ、その先に受信機を取り付けるのである。これは電話回線への「割り込み」と呼ばれるもので、街角に設置されているジャンクションボックスで行うことが可能だ。

エマニュエルは作業を終えると、何事もなかったかのように車で走り去った。彼がいくつか仕掛けていった盗聴器は、総領事館の六本の電話回線を傍受できる。これは厳密な役割分担がなされた作戦だった。一日に五〇件ほどかかってくる電話は、アレクサンダー・ヤング・ホテルのオフィスで言語学の権威であるデンゼル・カー少佐が翻訳・要約する。カーに時間がないときは、ダグラス和田がその仕事を担当していた。[9]

アメリカ海軍は、総領事館内にいくつもの耳を持っているも同然である。あとは、内部の職員が軽率な電話をかけるのを待つだけだ。

## 第一一埠頭《ピア・イレブン》

ホノルル港
一九四一年三月一四日

アーヴィング・メイフィールド大佐は、豪華客船〈龍田丸〉で本日ホノルルに到着した新任の日本総領事、喜多長雄に関する報告書を注意深く読み込んでいる。海軍情報局の潜入捜査班もまた、日本からの渡航者の身元を確認する任を負ってこの場に来ていた。

これは、一九三六年にローズヴェルト大統領が覚書の中で命じて以来、頻繁に実施されている手順だ。その覚書の中で大統領は、次のように述べている。「日本の船舶やその将校および乗組員と接触するオアフ島の日系市民または非市民はすべて、身元を秘密裏に、しかし確実に洗い出し、有事に際して直ちに強制収容所に送り込む特別容疑者リストに氏名を記載すべきである」

メイフィールドの部下であるデンゼル・カー少佐とテッド・エマニュエル准尉は、喜多が到着したら写真を隠し撮るつもりでいるが、それは形式的なものに過ぎない。当人の地位の性質上、喜多の名は自動的にホノルルの日本人容疑者リストに記載されるからだ。[10]

メイフィールドもまた、ハワイに来たばかりである。明日、ハート大佐の後任として第一四管区情報局局長に就任することになっている。海軍情報局のハワイ支局は、三つの部署で構成されていた。ジョセフ・ロシュフォート少佐指揮下の戦闘情報班（ハイポ）、エドウィン・レイトン少佐指揮下の太平洋艦隊情報班、そしてメイフィールド大佐指揮下の防諜班である。

メイフィールドに課せられた責務の一つは、喜多と総領事館の監視である。今読んでいる報告書は、明日の管区情報局局長としての初日に備えるためだ。[11] ハートは昇進し、真珠湾に駐留する掃海艇群である第四掃海部隊の指揮官になった。ハートにとっては願ったりだろう。情報部にいるより現場にいたほうが昇進しやすいからだ。

ハートは去り際、後任のメイフィールドに、海軍、陸軍、地元警察、ＦＢＩがそれぞれ「日系人問題」に当たっているが、協力関係に欠けていることを忠告していった。どうやらシヴァーズは、未だほかの情報機関の能力を信用していないらしく、他機関が入手した捜査結果の真偽を部下たちに常に再確認させている。陸軍の防諜班を率いるビックネル中佐は協力を惜しまないが、その上にいる者たちは積極的に手を組もうとは思わないらしい。メイフィールドは、ホノルルの諜報員にとって、情報提供者になってくれる地元の協力者を見つけることが最も難しいと聞いていた。ましてや内部の動きが知れるほど日本総領事館に近い人物ともなれば、ほぼ不可能だろう。それに、たとえ適任者を確保しても、彼らがもたらす情報について、別段何の対処もされないようである。

メイフィールドが到着する前の六月、ホノルルの海軍情報局は、マウイ島のラハイナロード

（この〝ロード〟は「道」ではなく「停泊地」の意）を見下ろす場所に自宅がある総領事館職員に接触可能な「かなり信頼のおける情報提供者」を獲得した。アメリカ海軍は、このラハイナロードを真珠湾の代替停泊地として使用している。同情報提供者によると、その領事館職員はラハイナへの艦隊の出入りに関する報告を二度行ったという。海軍と地元警察は、ハワイの領事館員らを起訴する許可を連邦政府に求めた。今はまだその返答待ちなのだが、ＦＢＩが出した同様の要請は退けられていることから、今回も許可を得られる見込みは低いように思えた。

　喜多の着任に関する報告書を読み終えて、メイフィールドは眉をひそめる。アメリカと日本の関係が崩壊しつつあることを考えると、このタイミングで領事館員が交代することには疑念しか湧かない。加えて、喜多は中国で体を張った外交を経験してきた屈強な男やもめだ。この男の出現でいろいろと面倒なことになりそうだ……メイフィールドは思った。そうして、ふと考える。喜多もまた、メイフィールドの着任報告書に目を通し、同じことを感じているかもしれない。

# ホノルル港

ホノルル
一九四一年三月二七日

ホノルル港第八埠頭《ピア・エイト》に停泊した日本の定期客船〈新田丸〉から、吉川猛夫がタラップを降りてくる。入国書類に記された氏名は、森村正《もりむらただし》。外交官という身分を疑う者があったとしても、奥田乙治郎副領事が出迎えたとあれば納得せざるをえないだろう。

その近くで、デンゼル・カーがテッド・エマニュエルに合図を送る。エマニュエルは、森村の写真を撮るためにアロハシャツの中にカメラを潜ませている。カーは保健検査官に扮し、船に乗り込んで監視員の位置に着いた。エマニュエルが最適なアングルに移動しシャッターを切る。この瞬間、森村は海軍の容疑者リストに正式に登録されたも同然だった。[12] と同時に、FBIと陸軍も森村の存在を知ることになる。現地諜報機関は、情報を共有することになっているからだ。

海軍情報局の捜査員らが潜んでいるとはつゆ知らず、奥田と吉川は握手を交わしたあと、税関を通過して迎えの車に乗り込んだ。総領事館に向かう道中の会話は丁重で控えめなものだが、吉川には、奥田が今回の任務を把握していることを自分に知らしめたがっているように感じられた。考えてみれば無理もない。新しい総領事が来る前は、彼が米艦隊の偵察作戦を指揮していたのだ。

吉川は、そんな奥田にあまり良い印象が持てない。詳しいことは語らず、ただ車窓に通り過ぎるホノルルの街並みを眺めていた。太平洋の真ん中に浮かぶ、いくつもの火砕丘の合間に築かれたこの多文化都市を見ていると、その存在がいっそう神秘的なものに思えてくる。仏寺や神社をいくつか通り過ぎ、制服姿の白人水兵や陸軍兵と多数すれ違い、レンガ造りの建物が立ち並ぶ中華街を走り抜ける。吉川は、地平線を縁取る山々を見ながら、地図で見覚えのある頂の名をひとつひとつ頭の中で呟いていた。

車は、ヌウアヌ通り一七四二番地で止まった。ホノルル日本総領事館である。ここが吉川のハワイ滞在中の住居兼職場になる。国外から来ている領事館員は皆、館内にある官舎に住むのだ。まず初めに総領事室に通されて、喜多総領事を紹介された。吉川は一礼し、森村正ですと名乗る。ここにいる誰も、本当の名前を知る必要はないからだ。

喜多と吉川は二人きりになり、お互いのことを少し話した。喜多は驚くほど人懐っこくて、笑い上戸だ。どちらも酒好きの独身ということで、すぐに打ち解け合うことができた。喜多は最初、吉川が偵察の任に就くことに不安を感じていたようだったが、作戦に関する話し合いが始まると、吉川は喜多から全面的な協力を得られることを確信する。

喜多は、ホノルルの街の人は友好的だと言うが、吉川が軍令部大佐から忠告されたことについても事実だと話す。みな礼儀正しく人当たりは良いが、進んで協力してくれる人を見つけるのは難しいという。ホノルルの日系人連合協会は吉川らを日本料亭「春潮楼《しゅんちょうろう》」で開く宴《うたげ》に招待してくれるかもしれないが、主流団体から積極的な協力者を得ることは期待できないようだ。

結局のところ、ハワイに住む日本人を信用するな、というのが吉川へのアドバイスらしい。だからといって、現地で何の助けも得られないというわけでもなかった。吉川は数日後、関興吉《せきこうきち》三等書記官とハーバーサイドツアーに参加する。この関という人物は、総領事館の会計担当者で、アメリカ艦隊の情報を集めるインフォーマントと奥田副領事との隠れた橋渡し役である。

三九歳の関は、スパイとしての正式な訓練は受けていないが、吉川同様、広島の江田島《えだじま》にある海軍兵学校の卒業生だ。吉川を手助けするよう命じられており、何でもしますという姿勢の裏に仕事を奪われた屈辱を隠している。以前は、時折、湾内の軍艦の位置を示した海図を作成し、外交声明書を介して東京の陸軍省に送っていた。それなのに今、手がかかる上に傲慢な若いスパイの世話係をやらされている。

二人は、真珠湾の北端に位置するパールシティの海岸線を散策している。足取りはのらりくらりしたものだが、吉川は初陣でなかなかに刺激的な光景に出会った。関と吉川の目の前には、まるで映画のワンシーンのように、フォード島の滑走路と軍艦のシルエットが見えている。パールシティに面した島のこちら側には、古い練習艦、戦闘支援艦、水上機母艦が停泊している。「バトルシップ・ロウ」（戦艦群およびその停泊エリア）は、島の反対側だ。

「あの売店で飲み物が買えるぞ」関は、かき氷とレモネードを売っている日本人の男を指さした。「あの男はここでいつも船の出入りを見ているから、ときどき役に立つんだ」

吉川は、湾や飛行場の様子を黙って観察しながら、水上や岸辺の動きを細部まで把握しようと神経を集中させた。ここ一帯の軍事施設における日々の活動パターンがわかれば、何か普段と違うことが起きた際にすぐにそれに気づけるようになる。できるだけ早く、そうならなくてはいけない。

「領事館の事務員の一人を、君の運転手に付けよう」関が続けた。「ハワイ生まれで、二重国籍者だ。彼は自分の車を持っているから、どこへでも連れて行ってもらうといい。口の堅い男だから安心したまえ」

「こちらで生まれた人は信用できないと聞いています」吉川は不安げである。「確かにその通りだが、彼は信頼できる。ただ、完全に信用していいとは言っていない。用心に越したことはないが、彼以上に優れたガイドは見つからないと思ったほうがいい。名前は事代堂正之《ことしろどうまさゆき》。〝リチャード〟と名乗っている。連邦政府に登録されているので、外国代理人登録は免除されているそうだ」

四月、吉川と関は、事代堂の一九三七年型フォード・セダンで一緒に島の反対側へ偵察に行ってみることにした。吉川は、事代堂の風貌に好感を抱いている。アロハシャツをラフに着こなし、いい酒と女が見つかる場所に詳しい。オールバックの黒髪とスタイリッシュな口髭の下に、狡猾さが見え隠れしていた。

三人は市街地をあとにし、丘の上へ向かって車を走らせている。助手席の吉川は、ホノルルのビル群や海軍基地周辺に浮かぶ戦艦のマストに時折遮られて途切れながら続く美しい海岸線が、後ろへ遠ざかって行くのを眺めていた。

事代堂は、なかなか頭のキレる男だ。「森村」が首に下げた双眼鏡に気づき、旅程を聞いたあとは何を質問するでもなくひたすら運転に集中している。しかし、何か気づいたことがあれば、まるで道すがらの目印のように、さりげなく教えて吉川を感心させた。「艦隊はローテーションで動いていますす」と事代堂が口を開く。「戦艦の半分は湾内にとどまり、残り半分は外海へ出ていき、それを一週間ごとに交替しているのです」

車はヌウアヌ渓谷を横切りパリ・ハイウェイをひた走る。この島に最初に住み着いた人々が、緑に覆われた峰を切り開き築いた古代の道だ。今では舗装され、乗用車やトラックが日に何千と行き交っている。非常に強い風が吹き荒れる急勾配の峡谷には、ヘアピンカーブが二〇以上もあり、経験豊富な運転手がハンドルを握っていることを吉川はありがたく思う。

「この道にはトンネルが必要だ」吉川は堪えきれなくなった。

「ここを通ると、みんな同じことを言います」事代堂が笑う。「三七年に政府が大きなトンネルを造ろうとしたんですけどね、膨大な建設費用に怖気づいて、計画は立ち消えになったんです」

島の北側に到着し、カネオヘの町の手前でココカヒロードに入った。吉川は、事代堂にスピードを落とすよう頼んだ。湾の向こうに、建設中のカネオヘ海軍航空基地が見える。格納庫は完成間近のようだ。車は先へ進むが、運転手が一カ所立ち寄り場所を提案する。カイルアの浜辺の町を通り抜け、ビーチパビリオンで車を停めた。三人は、未完成の基地の様子を車中から五分ほど観察し、その場をあとにした。

事代堂は、ハイウェイ方面に車を走らせホノルルへの帰路に着くが、途中でベロウズ飛行場にある陸軍航空隊の基地を偵察してはどうかと進言する。ベロウズ飛行場は、一九一七年から軍事施設として使用されているが、一九三三年に第一次世界大戦の英雄フランクリン・ベロウズ中尉の栄誉を称えてその名が付けられた。現在、陸軍がここを常設基地に転換しようとしている。これもまた、開戦が間近に迫っていることの現れなのだろう。

一行は、古びた桟橋のあるワイマナロ・ビーチに立ち寄ることにした。車を降りた三人は、桟橋の先まで歩きながら北の方角を凝視する。しかし航空基地は、直接観察するには遠く離れすぎていた。吉川は落胆したが、まだ諦めてはいない。この日の偵察ドライブで、オアフの米軍施設が公共の場所からいとも容易く観察できることが確認できた。軍事基地にさらに近づくために、革新的だがリスクを抑えた計画がいくらでも試せそうである。早速それらを実行してやろう、と吉川は思った。

それに今、彼には強い味方がいる。いよいよ作戦開始の時がきた。自分をつけ回すだけの関の手助けなんぞ、もう必要ない。一緒にいても退屈なだけである。その点事代堂は、まさに吉川が求める人材だった。頼りになる上に、スパイ活動だけでなく社会的な事柄においても、思慮深さを発揮して適切な行動をとってくれる。

三人は海を背にすると、車に向かって歩き始めた。遅めの昼食に間に合うくらいには、ホノルルへ戻れるだろう。

## 連邦政府庁舎《フェデラル・ビルディング》
### ホノルル
### 一九四一年四月八日

ジロー岩井《いわい》は、連邦政府庁舎の二階でエレベーターを降りた。このフロア全体を陸軍が占めており、ホノルルの諜報活動の拠点となっている。一九三一年に陸軍の情報警察隊（ＣＩＰ）に入隊した岩井は、同隊初の日系アメリカ人隊員だった。ＣＩＰは第一次世界大戦中に、ドイツ系新兵の背信の兆候を洗い出すために組織されたものだ。岩井がＣＩＰに入隊したことは、陸軍が日本を脅威として注視し始めたことを示す初期の例であり、岩井は軍情報機関において密かな草分けとなった。

本日、岩井中尉はＣＩＰを名誉除隊になった。今後は、陸軍の潜入諜報員としてホノルルで活動するよう任ぜられている。岩井は即座に予備役将校に引き上げられ、ハワイ情報部の副参謀長補佐官に任命された。この肩書きがあれば、引き続き防諜活動に専念することができる。外国のスパイやシンパが紛れていないか、ハワイ市民を監視するのだ。オフィスを移動する必要すらなかった。

このところの岩井の主な仕事は、日系人容疑者リストの作成である。寺社や、市民団体の会合などに破壊分子が潜んでいないか調査して回るのだ。インフォーマントからの密告は常に本部に報告するよう命じられていたが、岩井はそのすべてにリスクが潜んでいるとは考えていない。しかし、防諜の観点からすると、ほんの少しでも脅威が疑われるなら警戒するに越したことはない。

一見無害に見えて厳重な監視対象となっているのが、武道団体である。剣道を教えたり習ったりしている人が怪しまれるのは、一九三〇年代に国粋主義団体の黒龍会が新会員確保のために秘密の道場を開いていたことに起因するところが大きい[13]。近頃、武道は日本人以外にも受け入れられるようになっており、人気のアクティビティーの一つになりつつある。

岩井はハワイにいる日本人外交官や領事館員のことを、本当にスパイだと思っている。彼らを摘発すれば、善良なハワイの人たちを守ることができると信じていたのだ。そのため、本来の任務とは別に、領事館の職員の中に数人のインフォーマントを確保して不審な動きを掴もうとしている。しかし、彼らの諜報能力はさほど高くなく、館内の雰囲気は読めても機密情報にアクセスできるような立場にはない。領事書記官と呼ばれる人たちでさえ、侵略の先遣隊とも破壊工作団の主導者ともなりそうになかった。彼らの多くはボランティア職員で、読み書きの不得手な日本人のために法律や行政上の事務手続きを手伝っているだけなのだ。一世も二世もコミュニティの結束は固く、こちら側に引き込めそうな協力者を得るのは容易ではないため、諜報活動は難航している。

岩井は通りを歩きながら、戦下の街を想像していた。さっきすれ違った近所の人たちも、みな逮捕されてしまうだろう。商店や企業は営業できなくなり、寺も神社も閉鎖を余儀なくされる。岩井は知人らと会話しながら、今話しているその言葉のせいで当局から目をつけられているのに、と考えずにはいられない。暗い秘密を知っているがゆえに、地域の人たちや、友人、愛する者たちからさえも孤立していた。彼の任務に対する献身ぶりは非常に頑なで、家族にすら自分の職業を明かしていない。

そんな岩井だったが、共感してくれる友が一人いた。ダグラス和田である。

ハワイの陸軍と海軍は、昔から必要に応じて協力関係を結んできた。互いの本部が近くなった今、その関係性も以前より近づいたように思われる。デリングハム・トランスポーテーション・ビルディングとアレクサンダー・ヤング・ホテルは、ほんの数ブロックしか離れていない。岩井は長年、人手不足の海軍のために翻訳作業を手伝ってきていることから、海軍情報局ではよく知られた顔である。

陸海軍の防諜の先駆者であるこの二人が出会うのは時間の問題だったが、一九三八年の春にそれが実現すると、固い絆で結ばれるようになるまでに長くはかからなかった。岩井は、言語面の助けを要請し自分を煩わす海軍の仕事を引き受けてくれて、気になる事柄や人物を発見したときには相談に乗ってくれる仲間を手にした。和田は、単なる同僚ではない、自分がまだ大学野球の二塁手だった頃からホノルルで任務を遂行してきた、経験豊富な諜報のプロを味方に得た。「ジローさんと私はどちらも、ハワイの日系コミュニティからいくぶん距離を置いていたので、仕事の上だけでなく個人的にも親しい間柄でした」後年、和田は岩井との関係について語っている。「お互い、特殊で繊細な軍事機密を扱う身であるために、ほかの人には言えない精神的ストレスや苦悩を抱えていたのです[14]」

しかしながら、仕事であれプライベートであれ、相手に対してすべてをオープンにできたわけではない。「〝目と耳は開いていても、口は閉じておけ〟というのが諜報の世界での鉄則です」と和田は言う。「何かを知っていても誰にも話さない。諜報員とはそういうものなのです[15]」

# 第四章 アイデンティティクライシス 二つの祖国のあいだで

## オリンピック・ホテル

ロサンゼルス
一九四一年六月八日

アル・ブレイクは、サンフランシスコ・ワールド・フェア（一九三九、四〇年に開催されたゴールデンゲート万国博覧会の別称）で踊り子ショーを主催する興行者だ。オリンピック・ホテルを出て歩き出したブレイクは、さりげなく肩についた糸くずを払った。それが、外で待機していたＦＢＩと海軍諜報員たちへの、突入の合図である。

彼らのターゲットは、立花《たちばな》止《いたる》のアパートだ（オリンピック・ホテルは、短期貸しのアパートでもあった）。現在三八歳の立花は、一九三九年に語学留学生を装いアメリカへやってきたが、本当は大日本帝国海軍中佐で、諜報員としての訓練を受けた経験もある。語学学校を卒業後もロサンゼルスに残り、在ロサンゼルス日本総領事館に就職した。

立花中佐のスパイ網には意外なメンバーも含まれているが、LAとはそういうところだ。キープレーヤーは立花、それからイギリスの戦争の英雄フレデリック・ラットランド、チャーリー・チャップリンの秘書だった高野虎市《こうのとらいち》、そして無声映画スターから二重スパイに転身したアル・ブレイクである。

ブレイクは元海軍兵で、高野とロサンゼルスで偶然再会したとき、二重スパイをすることを思いついた。二人は、ブレイクが人気俳優として活躍していたころからの知り合いである。ブレイクは以前、チャップリンと映画で共演したこともあったのだ。それに、彼が興行している踊り子ショーのダンサーの一人が、偶然にも高野が団長を務める女子ソフトボールチームに所属していた。

ブレイクの企ては、高野に「君が海軍を辞めたのは残念だったな。(辞めていなければ)大金が稼げたかもしれないのに」と話しかけられたのがきっかけで閃いたものだ。高野の話に乗ると見せかけ、米海軍の艦艇の写真と情報を入手する代わりに多額の報酬をもらう約束を取り付けてから、そのことを海軍情報局に通報した。

そのあとどうなったかというと、ブレイクはホノルルへ飛んで架空の海軍大佐に会い、日本のスパイに売るための(偽の)情報を収集するという裏工作が行われた。カリフォルニアの海軍情報局は当初、ブレイクの二重スパイのことをFBIに伏せている。しかし、FBIがラットランドを通して立花スパイ網を監視していることがMI5(イギリス保安局)からの密告で発覚し、共同作戦を計画することになった。

海軍情報局とＦＢＩの合同チームによるオリンピック・ホテルへのガサ入れは、ブレイクがホノルルへの怒濤の〝トンボ返り旅〟を二度繰り返し、高野たちから五〇〇〇ドル近い報酬を受け取ったあとで行われている。ブレイクによれば、二度のホノルル旅行のあいだ、日本人とドイツ人のスパイに尾行されていたという。そのため、彼が現地海軍情報局の諜報員に接触したのは、映画館に入り上映中にこっそり抜け出したときだけである。もちろん、映画が終わる前に見つからないよう席に戻った。

報酬の支払いが完了し立花の有罪を立証する証拠が確保されたため、捜査官たちはその夜、立花逮捕に動き出した。立花の部屋に踏み込んだ彼らは、立花と高野が日本のスパイであること、そしてラットランドもこの部屋で二人と共謀していたことを示す一〇七ページにおよぶ証拠書類を押収している。

高野もその夜逮捕された。立花の保釈金五万ドルは日本総領事館が支払ったが、高野の保釈金二万五〇〇〇ドルを払うと名乗り出る者はなかった。

ブレイクも逮捕され、ロサンゼルス郡の拘置所に入れられたが、これも作戦のうちだと理解した。報酬として受け取った五〇〇〇ドルの疑惑が晴れるまでの、一時的な措置なのだ、と。この作戦は極秘で行われたため、地元警察にも検察局にも事前に知らされていない。海軍情報局とＦＢＩが介入し、彼が二重スパイであることが証明されるまでに、数日かかった。

「我々は、ブレイク氏に罪を犯す意図はなく、日本のスパイ行為の全貌を暴くために海軍当局に協力したのだと確信しています」と、ラッセル・ランボー連邦検事補は六月一一日に記者団に語っている。[1] ところがそのころには、彼を売国奴とこき下ろした風刺漫画のせいで、ブレイクの評判は地に落ちてしまっていた。彼は近々、それを掲載したハースト新聞社を名誉毀損で訴えるつもりだ。

ラットランドの名が報道されることはなかった。彼は、日本海軍のために働いていたイギリス人である。立花らに協力していたことがイギリスの法を犯したかどうかは、明らかにされていない。もっと悪いことに、この狡猾な男はメキシコに置かれている海軍情報局内部にもコネクションを作っており、「彼ら」のためにスパイ活動を行っていたとも主張している。ラットランドの嘘があばかれた後、密かにイギリスに送還された。その後は、MI5の監視下に置かれることだろう。

今回の事件は、アメリカ国民にとって大変なスキャンダルである。日本のスパイやら二重スパイやら、潜伏破壊工作員やらが登場したのだ。そしてその影には、戦争の足音が近づいている。しかし、スキャンダルはそれだけではない。この事件は、映画界の世界的大スターにも関わりがあるのだ。チャップリンは、映画の市場としても文化的にも日本を愛していて、その生涯で幾度となく訪日している。一九三二年に海軍の青年将校らがクーデターを起こし犬飼毅《いぬかいつよし》首相が殺害された際も、来日中のチャップリンが暗殺の対象に上がっていたといわれている（五・一五事件）。襲撃があった夜、犬飼首相と一緒ではなく、首相の息子と相撲見物に出かけていて命拾いをした。

今回、日本政府によるスパイの企ては暴かれたものの、スパイ行為に対する司法制度は通常のようには機能しない。日本からアメリカの国務省に抗議があり、緊迫する国際情勢も鑑みて、米側は立花を釈放し国外追放としたのである。立花がいないのであれば、高野に対する容疑の立件は不可能だった。

この一件で一番迷惑を被ったのが、日系コミュニティである。立花事件に関する報道は世界中を駆け巡り、戦時国に暮らしながら敵国に同調・協力する第五列と呼ばれる人々がカリフォルニアやハワイで暗躍しているという噂に信憑性を与えてしまった。実際にスパイ網が摘発されたことで、アメリカに住む日本人に不忠のレッテルが貼られてしまったのだ。

新しくカリフォルニア州第一一管区情報局に配属されたケネス・リングル中佐は、市中のこの異様な興奮の中で、もっと重要なことが見落とされているのを感じている。本当のスパイの脅威は日系住民からではなく、日本総領事館から来ているのだ。リングルは懸命な調査の末、その結論にたどり着いた。管区情報局本部にはほとんど顔を出さず、サンペドロにあるＹＭＣＡの中に借りた小さなオフィスにこもり、一人で仕事をしている。その姿に、彼の信念が見て取れる。リングルはカリフォルニアで、スパイを追う代わりに、在米日系人がアメリカにもたらす実際の脅威を測定することに時間を費やしていた。

彼はまず、野菜農家とマグロ漁師を中心に忠誠心の調査を行い、その後ビジネスマンに目を向けている。また、調査を進める過程で、特に日系アメリカ人市民同盟（ＪＡＣＬ）など、疑わしい団体の内部にインフォーマントのネットワークを構築していた。リングルは、日本の軍国主義者たちが、アメリカの日系コミュニティに反米感情を植え付ける目的で一時渡航者や偽装移民を送り込んでいたことを突き止めている。そうした類の存在は、JACLに忠誠心が厚い人たちからの通報で知ることができた。[2]

リングルのカリフォルニアでの活動は、彼がハワイで発見したことを裏付けるものとなった。一九四一年の公式報告書には「二世の九〇パーセント以上、また移民一世の七五パーセントは、合衆国に心からの忠誠を誓っている」と記している。[3]

しかし、この夏、国内における反日感情はどんどん高まっているようだ。リングルは一般日系住民に対する調査を終了し、カリフォルニアの日本人外交官に焦点を切り替えることにした。特定のスパイの身元を明らかにできれば、海軍情報局は日系人社会全体を疑う代わりに、実際に脅威をもたらすスパイに的を絞ることができるだろう。

そこで、ロサンゼルスの日本総領事館に忍び込もうと決意する。

それには、金庫破りに長けた者が必要である。リングルは、適任者を刑務所内で探すことにした。その金庫破りの名前は明かされていないが、彼にとってはさぞかし面白い展開だったことだろう。重罪を犯して刑務所にぶち込まれたと思ったら、ほどなくして、なんとGメン主導の明らかに違法な作戦に駆り出されるのだ。

作戦は真夜中、建物内に誰もいない時刻を狙って行われた。金庫破りの男は、路上を巡回する警官と、私服の二人組を目にした。後者は周囲の警戒にあたるＦＢＩ捜査官である。車のドアが開き、男たちが滑るように建物へ向かう。

ドアの鍵は、スケルトンキー（空き巣などが使う万能キー）で簡単に開けられた。館内の間取りは、灯りをできるだけ使わずに済むように、あらかじめ頭に入れている。一行は、総領事室へと一歩一歩、慎重に進んだ。金庫破りは、その犯罪技術を駆使して機密通信文書が保管されている金庫をあっという間に解錠し、リングルの部下たちが中身を取り出しているあいだに刑務所へ戻された。

捜査官らは発見した文書を一枚一枚写真に収めると、すべてを元通り金庫へ戻し、〝生の情報〟が詰まった鞄を抱えて闇夜の中へ静かに戻っていった。[4]

## アレクサンダー・ヤング・ホテル

**ホノルル**

**一九四一年六月一一日**

アーヴィング・メイフィールド大佐が〝ブラックルーム〟の鍵を開け中へ入ると、ダグラス和田が振り向き敬礼で出迎えた。「何かわかったか？」

和田は、傍受した通話のスクリプトを指しながら肩をすくめる。「いいえ、特には。日常の雑務に関することがほとんどです。書記官らがいつも同じような場所にタクシーを手配しています。どうやら、彼らのもっぱらの興味は、街のどこに売春婦がいるかということらしいです」

「なんだ、奴らはチャイナタウンの二階へは行けないのか？　みんなそうしてるのに」

「どの芸者小屋が売春宿なのかを知りたがっていました」和田が苦笑いする。「日本では、違いははっきりしていますから。でもここでは……」

　メイフィールドが頷く。「わかりにくいからな。上層部の連中に動きは？　喜多や、副領事の奥田は？」

「喜多とメイドのゴシップばかりです。二人は未だに〝秘めた関係〟のつもりのようですが、領事館の誰もが知っています」

　メイフィールドはため息をつく。これまでのところ、総領事とメイドとの密通が、彼が前任から引き継いだリスクの高い電話盗聴作戦で得られた最大の発見である。「これまでにわかったことを何でもいいから書き出してくれ。ＦＢＩに送る。おそらくシヴァーズも、奴の盗聴作戦が承認されれば同じことをするだろうよ」そう言って、メイフィールドは机に寄りかかった。「今日のような日こそ、いい知らせが欲しかったのだがな……。実は、ショート中将から連絡があった。中将とスティムソン陸軍長官は、領事館の職員を起訴しないということで合意したそうだ」

　和田が唸った。「ですが、彼らは艦隊をスパイしているんですよ。アレワハイツにある料亭から艦隊の写真を撮っている男がいるのです[6]」

「ショートは、二世たちの陸軍志願への影響を恐れているんだ」メイフィールドが不服そうに言う。メイフィールドも和田も、ショートの懸念は理解できた。しかし同時に、領事館職員を逮捕したからといって、それが愛国心ある若者の入隊を希望する決意をくじくとは思えなかった。「それに、国務省に言わせれば、世界中にごまんといる我が国の外交官を報復の危険に晒《さら》すことにもなりかねない。領事館に勤務する日本人を逮捕したり国外退去させたりするのは、あまりに挑発的だと考えているようだ。特に、彼らがやっているのは公共の場所へ行き景色の良いところで写真を撮っているだけとくれば、それを咎めようがない、というわけだ」

「〝合法的に〟スパイをしているから、いいのだと?」

大佐は両手を広げて肩をすぼめてみせたあと、背筋を伸ばして続けた。「どうしようもないさ、奴らは賢いからな。我々はすべきことをするまでだ。ドンパチが始まるまでは、領事館の職員から目を離さないことだ。開戦となったら、奴らが問題を起こす前に一気に捕まえてやる」そしてニヤリと笑うと「その前に、打つ手が見つかるかもしれないしな」と言って、ブラックルームを出ていった。

メイフィールドは、総領事館がやりとりする電信(海底ケーブル通信)を傍受する方法を探っていたのだ(高機密の傍受通信はほとんどがワシントン内に留まり、メイフィールドにはその情報が回ってこなかった)。しかし、領事館の公電の盗聴は違法であるため、少々頭を捻る必要がある（一九三四年連邦通信法六〇五条により、通信通話の傍受・盗聴およびその窃用が禁止されている）。日本総領事館は、公電の送受信にホノルルの電信ケーブル会社数社を交代で使用しており、そのどの通信事業社も法を犯してまで軍に協力することを拒んでいる。

その中で唯一、ＲＣＡ社（ラジオ・コーポレーション・オブ・アメリカ）だけが協力に応じることになるのだが、これは同社社長のデヴィッド・サーノフがホノルルで休暇を過ごしているところへメイフィールドが押しかけ、要請を受け入れるよう直接迫った結果である。[7]

しかし、ことはすぐには動かない。ＲＣＡが領事館のケーブル通信を扱う順番がくるのは五カ月先、一二月一日からなのだ。

## マッキンレー高校

**ホノルル**
**一九四一年六月一三日**

愛国歌「アメリカ・ザ・ビューティフル」を奏でるロイヤル・ハワイアン・バンドの熱のこもった演奏が、講堂を溢れんばかりに満たしている。マッキンレー高校に詰めかけた若い日系アメリカ人二〇〇〇人の歌声が、大合唱となって響き渡る。

ホノルルの人は、一九二〇年代からマッキンレー高校のことを「トーキョー・ハイ」と呼んでいる。ハワイに住む日系人のほとんどが、この公立学校に通うからだ。市内の映画館を除けば、どの施設や機関よりも日系ハワイ人のアメリカナイズに貢献している。

今日の集会は、オアフ島の愛国心を促進するために新しく結成されたオアフ日系市民国防委員会の主催によるものだ。団体の委員長を務めるのは、ハワイ大学教諭の坂巻駿三《さかまきしゅんぞう》博士である。坂巻博士は、オアフ島の日系人の忠誠心を示す運動の先頭に立って、二重国籍者の日本国籍放棄を支援する団体を結成したり、学生の兵役志願を推進する活動をしたりしている。

水面下では、坂巻は、国内の安全保障についてＦＢＩに助言するためにシヴァーズと定期会合を開いている六人の二世リーダーのうちの一人である。彼は、神道と仏教の指導者たちに関して、儀式に天皇崇拝の要素があることを理由に、戦争が始まったらすぐに拘束するよう進言していた。酒巻自身は、ハワイの二世の中でも珍しいキリスト教徒だ。

「今日の集会は、こうして皆さんと集うことだけが目的ではありません」坂巻が集会の参加者に呼びかけた。「今日は、私たち国民の団結、備え、安全を盤石なものにするための第一歩なのです。これまでに、あまたの合衆国民が民主主義の原則を守るために生き、戦い、命を捧げてきました。もし戦争となったなら、私たちも彼らと同じように、民主主義を守るため、必要とあれば命も差し出し、できる限りのことをしようではありませんか」

マッキンレー高校にこれほどの人を集めて行われたこの愛国大会は、シヴァーズと深い友人関係を築いている丸本正二の存在なくしては実現しなかっただろう。両者は家族ぐるみで休暇を過ごすほどの仲で、その際シヴァーズは、この愉快で魅力的な弁護士を紹介するために、必ずほかの政府関係者を招待している。丸本は、そうした夕食会や橋渡しの場で、軍の諜報組織とのコネクションを作ってきた。ハワイ軍管区情報部の新しい参謀長補佐官、モリル・マーストン大佐も、シヴァーズを通じて知り合った一人である。[8]

シヴァーズも同様に人脈を広げている。丸本は、このFBIの友を日系コミュニティの広い範囲の人々に紹介し、そうした関係作りの努力が、今年初めに立ちあがったオアフ日系市民国防委員会のような愛国者団体という形で実を結んだのである。男女七五名の委員会役員は週に一度、シヴァーズもしくはほかのFBI捜査官との会合を設けている。シヴァーズによれば、同団体が目指すのは「開戦となった場合のこの国に対する責任と、厳しい立場に置かれるであろうことについて、日系コミュニティに心の準備をさせる」ことだという。

彼らは国防委員会の結成目的を「人種を超えた協力、団結、そして合衆国への揺るぎない忠誠心の促進」と公言している。そのメッセージは、マッキンレーの集会でのスピーチや歌のひとつひとつに確かに表れていた。

合衆国政府を代表して、マーストン大佐が壇上に上がった。彼は日系コミュニティ、特に軍に入隊した者たちを称え、陸軍はたとえ日本との紛争が起きたとしても「ハワイの全市民に〝公正な扱い〟を保障する」と約束した。「信頼は信頼を生みます。私たち当局者が日系市民に忠誠を求めるならば、私たちも信頼で応えるべきでしょう。国家への忠義の見返りとして、あなたがた市民には、政府と軍に対し全力であなたがたの自由を守るよう求める権利があります。ともに力を合わせれば、私たちは必ず勝利します」大佐は力強く言い放った。

この集会のニュースは、ハワイ全体に、そしてアメリカ全土へと伝わることとなる。このとき、ハワイの二世の愛国心は最高潮に盛り上がり、集会参加者たちはその感動を早速行動に移し始めた。マッキンレーでの集会から直接派生し、団結促進を目的とした小規模なコミュニティ諮問委員会が複数発足。公共の標識や、商店や企業の看板に書かれた日本語を英語に書き換えるよう働きかける「英語を話そう」運動もスタートした。

最も注目すべきは、一〇〇人を超える二世の若者がホノルル警察署の予備隊に志願したことだ。シヴァーズと、坂巻や丸本を含む彼のブレーントラスト（相談役・顧問団）は、この機会をどう活かすべきかを話し合うため集まった。

ホノルル警察署内で彼らの窓口になれる適任者といえば、ジョン・バーンズである。パトロールと風紀犯罪（売春・麻薬など）の取り締まりのエキスパートだったバーンズは、ウィリアム・ガブリエルソン署長にその腕を買われ、一九四〇年一二月に同署初の諜報局設立の際に局長に抜擢された。バーンズは、日系人による破壊工作や転覆工作の噂が大袈裟に吹聴されていることに気づき、自分に耳を貸してくれる人すべてに、噂が間違っていることを説いている。今後は、日系の若者たちが自身の忠誠心を否定しようのないかたちで示す手助けができるのだ。

二世と警察のグループは秘密裏に、「警察連絡班」と名付けたボランティア隊を組織することにした。この予備隊員たちは訓練を受け、交通整理や災害対応など戦時任務に備えることができる。バーンズには、このプログラムを円滑に実施するための仲介役として、完璧な人材がいた。長谷川義雄《はせがわよしお》である。長谷川は、ホノルル警察署内では数少ない日系の警官で、警部補まで出世した男だ。

委員会はまた、監視機関としても機能している。FBIのホノルル支局は、マッキンレーの集会が開かれる以前から一七二人のインフォーマントを確保しており、そのうちの七三人が日系市民による不穏な動きを報告している。警察連絡班は、日本人居住区を管轄する警察官と連絡を取り合い〝日本とその手先〟に関する情報を入手することで、FBIの情報ネットワークを拡大するのが狙いだ。

連絡班の第三の役割として、プロパガンダを拡散することが挙げられる。シヴァーズの言葉を借りるなら「無知に付け込み利用しようとしてくる輩から同胞を守る」ための情報を広める活動である。二世が彼らのコミュニティを自警するのはFBIにとって好都合だが、伝統的な精神を維持する日系ハワイ市民一世たちは、この運動に同調を強いられることになる。一世社会は、より悪いことが起きるのを食い止めるために、犠牲にされるのである。

警察連絡班とその支持者にとっては、犠牲を強いても守らねばならない大義がある。各情報提供者、市民集会、非公開の会議、新聞記事を通して、シヴァーズは市民に外国からの悪い影響に備えさせる以上のことができている。上司であり無二の友でもあるJ・エドガー・フーヴァーを含むワシントンの上層部の前で、日系人の忠誠心を認めさせるための、十分な説得材料が集まりつつあった。

## フォート・シャフター

**ホノルル**
**一九四一年七月九日**

ウォルター・ショート中将は机の上に置かれていた報告書を読みながら、腹立たしさに歯を軋ませている。軍が内部評価を行うのはいつものことだが、着実に出世を重ねてきたこれまでのショートのキャリアにはシミ一つ付いていなかった。なのに今、この特別監査官の報告書に、自分の不備を細かく指摘されている。

こんなふうに公式書面で非難されるなど、イリノイ州出身の彼には経験のないことである。一九〇二年にアメリカ陸軍に将校として入隊し、第一師団の参謀として、また第三軍の参謀補佐として第一次世界大戦を戦った。終戦後は、ニューヨーク市のフォートハミルトン陸軍基地で数年間勤務したのち、ジョージ・マーシャル大将から直々《じきじき》にハワイ軍管区司令官に任命されたのである。妻のイザベルとともにこの常夏の楽園に移住したのが、四一年二月のことだった。

以来、日米関係は悪化の一途をたどり、戦争は不可避だろうというところまできている。それなのに、この報告書は、彼の指揮では「日本との突然の衝突の可能性」に十分備えられないと酷評している。加えて、「(日本から) 破壊工作の計画や命令がなされていることは容易に想像でき、その活動が成功せしめられることを防ぐための積極的な準備が早急に必要である」とも記されている。また、ハワイという立地そのものを槍玉に上げて「大軍力に守られた亜熱帯の離島という環境に甘んじ危機意識が低下している」とさえ糾弾する。

怠慢を責められるなど、腹立たしい限りである。ここでのショートの任務は、兵を訓練することだ。入隊して間もない新兵や戦争経験の浅いアメリカ人を戦闘に備えさせるのは容易なことではないし、ましてや、相手が歴戦の近代的な日本軍ともなれば、なおのことである。ショートとハズバンド・キンメル大将はどちらも、日本の軍事能力を超えようと手を尽くしているところで、その競争に時間と注意力が削がれていた。陸海軍の指揮官である二人はこのとき、レーダーの情報をあまり重視していなかった。レーダーは、まずあり得ない日本からの空撃に備えるというより、主に本土から飛んでくるB－17を追跡するためのものくらいにしか考えていなかったのだ。

報告書を書いた特別監査官のH・S・バーウェル中佐は、ここフォート・シャフターとその内部の人間のことをよく知っている。一九四〇年四月からオアフ島のウィーラー陸軍飛行場の司令官を務めていたが、同年一一月にフォート・シャフターの第一四追撃飛行隊の司令官に任命された。そして、四一年七月にハワイ航空軍の特別監査官になることを命じられ、同時に本拠地をヒッカム空軍基地に移したのだ。どうやら、飛行機の近くにいるほうが仕事が捗るようだ。

バーウェルの報告書には、陸軍防諜局のやる気のなさも挙げられていた。「平時においては、戦闘部門や補給部門に比べて、情報部門への注力に欠けている」と。そりゃそうだ。ショートは思った。戦闘力と十分な兵站こそ戦争に勝利するカギだが、我が国の軍にはどちらもまるで足りていないのだ。

こんな言いがかりのような情報をバーウェルの耳に入れたのは、現地の諜報関係者に違いない。ご丁寧にもバーウェルは、〝謝辞〟の項に「ハワイ軍管区情報参謀補佐官ビックネル中佐、並びに連邦捜査局のシヴァーズ氏の助言に感謝する」と記している。防諜コミュニティは、愚痴を言う相手を得たというわけか。

バーウェルの批評に苦虫を嚙む思いのショートは、防備を強化するためにいくつかの措置を講じることにした。彼が行った最大の作戦は、オアフ島の各飛行場に配備されている陸軍の戦闘機を飛行場の真ん中に密集して並べておくというものだ。これは、陸上に潜む破壊工作員が戦闘機を攻撃しにくくするためである。このような配置の仕方は、空から攻撃を受けたらひとたまりもないが、ショートは島に住む日系人がもたらすリスクのほうが大きいと考えている。

しかしながら、日系市民を危険視する風潮が巷に広まる中、諜報の専門家たちはそれを肯定していない。ショートの机にバーウェルの報告書が置かれた翌月、ワシントンからノーマン・リッテル司法次官補がやってきた。自身の目で「日本人問題」を評価するためだ。そして「ＦＢＩ長官、軍当局者、弁護士、判事、その他多数関係者が認めるところによれば、日系市民の大多数は日本へ帰るよりハワイに留まることを希望しており、日本の介入を恐れている。また、第五列の可能性が疑われる者はごく少数に過ぎず、それらはすでに当局の監視下にあり、所在が特定可能な状態にある」と報告している。

ローズヴェルト大統領は、ハワイに関する報告がそれぞれ異なる見解を示していることに憤慨し、日系人の破壊工作に対する調査をある程度集中化させるよう命じた。陸軍、海軍、ＦＢＩのトップたちは、防諜活動を管理するための「境界合意」を早急に取り決めなくてはならないが、話し合いは難航している。九月に入っても三者の議論が一向に決着しないことに痺れを切らした大統領は、危険な活動をしそうなすべての民間団体の「所在、先導者、勢力、組織構造の把握」に関わる全活動の調整と指揮をＦＢＩに一任するとした。

ハワイでは、シヴァーズが協力体制を強化するための具体策をいくつか講じ始めた。中でも顕著なのが、拡大するＦＢＩのオペレーションを、ネオ・ルネサンス様式の豪奢なデリングハム・トランスポーテーション・ビルディングから、少し地味な連邦政府庁舎へ移したことだ。今はＧメンが、陸軍の情報部門の一つ上の階、三階を占めている。一方で、ビックネル陸軍中佐がアレクサンダー・ヤング・ホテルの海軍のオフィスへ移動した。シヴァーズは毎週情報会議を設けて、各機関の現地代表を集めて彼らが行っている調査について話し合ったり合同作戦を提案したりしている。シヴァーズ、ビックネル、メイフィールドの三人は、週に一度朝食をともにすることを習慣にし始めた。信頼関係は一朝一夕には築けない。のちに中央情報局（ＣＩＡ）は次のように分析している。「シヴァーズは懐疑的だったが、ハワイの海軍情報将校たちは自らの諜報能力に確固たる自信を持っており、現地の防諜活動において他機関以上か、少なくとも同等の役割を担いたいと強く希望していた。現地レベルでなら、彼らは証拠を共有することには同意している」[9]

　春の終わりごろ、シヴァーズは、ＦＢＩの〝情報収集員〟になることを志願する一三五名の日系市民の名簿を入手した。丸本正二弁護士のおかげでできた人脈からの贈り物である。これこそが、シヴァーズがフーヴァー長官の耳に入れたかったニュースだ。ハワイには合衆国を守るために積極的に活動している日系アメリカ人がこんなにもいるのです、と。

　ＦＢＩと陸海軍のプロたちが市民の中に潜む危険分子を炙《あぶ》り出そうと捜査を続けているが、これまでのところ見つかったのは数人の外国人スパイだけである。ローズヴェルト政権の政治家たちがこの事実に耳を傾けるかどうかは、まだわからない。

## スプリングウッドのローズヴェルト邸にて

**ニューヨーク州ハイドパーク**
**一九四一年七月二五日**

スプリングウッドのローズヴェルト邸では、数人の記者が列を成して絨毯を歩き、ベルベットの豪華な肘掛け椅子が置かれた火の気のない暖炉の前を通って、書斎の奥へ進んでいくところだ。大統領がラジオ放送を通して自ら国民に語りかける「炉辺談話」は、この暖炉前で行われている。[10] それを通り過ぎ、記者らは合衆国大統領がいる机の周りに集まった。卓上ランプの灯りが、大統領の商売道具——電話、万年筆、数冊の本、そして灰皿——を照らしている。

ローズヴェルトにとって、ハイドパークのこの邸宅はホワイトハウスからの避難所である。この建物で生まれ、ここで選挙運動を計画し、ウィンストン・チャーチルなど多数の要人をもてなしてきた。ローズヴェルトはポリオに感染したために下半身麻痺を患っていたが、この家の造りは彼の身体的ハンデにも便がよく、エレベーターも設置されていたので車椅子で上階へ行くことができた。

報道陣は、午前一一時三〇分から始まる記者会見のためにここに来ている。日本のフランス領インドシナ進駐へのローズヴェルトの対応を聞きたがっていた。パリのヴィシー政権は南部仏印への日本の進駐を認めたが、それが大日本帝国の東南アジア支配への野望に火をつけることとなる。

ローズヴェルト邸に詰めている大統領の側近たちからは、国内のすべての日本資産を凍結する大統領令の発布を進言されていた。しかし、記者らに問い詰められ、大統領は返答を躊躇している。「明日、ワシントンから何らかの発表があるはずだ」自分を取り囲む報道陣の不満が膨らむのをひしひしと感じながら、大統領はそう答えた。

考えはすでに決まっていた。日本の全在米資産を差し押さえる命令書は、準備が整い署名するだけになっている。しかし、公に発表する前に、やるべきことがまだ残っている。イギリスとカナダにつなぎ、日本に対して各国が同時に強い姿勢に出られるよう調整しなくてはならない。

これは、日本に海外貿易の四分の三と、石油輸入量の八八パーセントを失わせるという、かなり思い切った措置である。ローズヴェルトのこの決断は、石油の備蓄がわずか三年分しかない日本にさらなる領土拡張を断念させるのが狙いだった。

海軍の情報当局者らは、アメリカ国内に展開する日本の銀行が、日本政府と連携して資金確保に動いていることを察知している。海軍情報局の別の報告書には、「極秘の情報筋によると、一九四一年七月二五日に、サンフランシスコにある横浜正金銀行の経営陣が、同銀行の役員および従業員らに一八万ドルの現金を分配しており、そのほとんどが日本国籍者である」と書かれていた。「これは、戦時にアメリカ政府の差し押さえにより資金をすべて失うのを防ぐための動きと思われる」

ハワイではこのニュースに、特に一世たちが反応を見せた。陸軍の諜報員ら（おそらくジロー岩井もその一人だが）は、日系市民のパニックに陥る様子を注意深く観察している。四一年八月の陸軍情報部のメモには「興奮と不安が顕著に見られる」が、「不安は主に経済面に対してである」と記されていた。情報部員らは、大統領発表の翌日、在米住友銀行から三〇万ドル、太平洋銀行と横浜正金銀行からそれぞれ四万ドルが引き出されたことを記録している。また、多くの一世が、土地の所有権や銀行預金を子供たちの名義に変えようとしていた。[11]

八月の情報部メモには、二世同様、一世のあいだに諦観が広がっていたことも書かれている。「緊迫した日米関係とは裏腹に、ハワイの日系人は特に慌てる様子もなく、比較的落ち着いていた」とあった。「なぜなら彼らは地元新聞によって、二国間の国際関係が好転しつつあると思い込まされており……［中略］加えて、適切に行動すれば公平な扱いを保証すると当局からたびたび言われていたためだ。しかし、資産凍結の大統領令が発布されたことを受けて、それまでの楽観的な考えは消え、両国間の衝突が間近に迫っていることを実感し始めている」[12]

大統領令にまったく動じていない一世の一人が、和田久吉である。事態を楽観視しているのか、はたまたその頑固さゆえなのか、久吉はハワイ最大の日系銀行である横浜正金銀行ホノルル支店の自分の預金を動かそうとしなかったのだ。[13] そしてこの時点では、銀行を信じた久吉の態度は報われている。ローズヴェルトが日本政府の資産差し押さえに踏み切った際、ハワイの銀行口座は凍結を免れたのだ。

しかし、日本の動きを封じるというローズヴェルトの期待は、すぐに消え去ってしまう。大統領令に対し、日本は即座に反応した。サイゴンを占領したのだ。

## カヴィテの情報収集拠点

**フィリピン**
**一九四一年九月二四日**

【傍受した電文】

発　東京　豊田貞次郎外務大臣
宛　ホノルル　喜多総領事

今後、貴下はでき得るかぎり次の線に沿って艦艇に関する報告をされたし。
一、真珠湾の水域を五小水域に区分すること……（略）。

二、軍艦、空母については、錨泊中のものを報告されたし。埠頭に繋留中のもの、浮標に繋留したもの、入渠《にゅうきょ》中のものは、左程重要ではないが報告されたし。

三、艦型、艦種を簡略に示すこと。

四、二隻以上の軍艦が横付けになっているときは、その事実を記されたし。

これらの指示は、日本の外交公電に使用するコードで暗号化されて送られたもので、アメリカの諜報コミュニティの目を引く類のものではなかった。こうした公電は以前から、パナマ運河、フィリピン、アメリカ西海岸など、世界各地の日本の外交官宛に送信されている。傍受されたメッセージは規定に従いワシントンに通告されるが、それらが真珠湾に伝わることは一切なかった。ハワイの陸軍、海軍、ＦＢＩの諜報員・捜査官は、この指示文の存在をまったく知らされていなかったのだ。[14]

豊田外務大臣がホノルル総領事館に宛てたこの電文は、いつもの定期通信でもなければ、無害な連絡事項でもない。大臣は、湾内の艦艇の配置を調べるよう求めている。つまり、空襲の計画を立てるための協力を要請しているのだ。

# 日光サナトリアム（岡崎整復術院）

ホノルル

一九四一年一〇月四日

ロバート・グラヴァーは、大日本武徳会剣道クラブの新メンバー、森村正に礼をする。

グラヴァーは一九一五年にカリフォルニアで生まれたが、彼にとっての地元はホノルルである。プナホウ・スクールを出てハワイ大学に通い、学生時代は科学と武道の両方にのめり込んだ。高校生のときには望遠鏡を手作りしたほどで、射撃競技の名選手としても活躍した。現在は海軍予備役として、通信検閲局に勤務している。[15]

今も日本の武道に夢中で、ここ「日光サナトリアム」の体育館は、武道を極めたい白人にとって、世界一といってもいいくらい絶好の練習場である。このサナトリアムは、日本の伝統にとらわれずに自国の武術を日本人以外に教えた先駆者の一人、岡崎《おかざき》〝ヘンリー〟星史郎《せいしろう》が一九二九年に創設した柔道整復術の治療所だ。[16] グラヴァーは、一九三四年から岡崎に剣道を習い、今では自身も師範として弟子たちに稽古をつけるほどの腕前である。

剣道がハワイに伝わったのは一八六八年（明治元年）。サトウキビ農園の労働移民の募集に応じた武士たちが、自らの鍛錬のため当地で続けていたものが広まった（のちに「元年者」と呼ばれる人たちである）。そして次第に、運動競技としても、また日本人のアイデンティティを表現するものとしても広く親しまれるようになり、今日まで継承されてきた。一九四〇年までには、日本に拠点を置く大日本武徳会がハワイに支部を開設しており、会員数は三五〇〇人にものぼるという。

森村はその一番新しい会員だ。腕の立つ剣士をスカウトしたくて探していたマウイ島出身のクラブメンバー、ジョージ浜本の紹介でここへ来た。浜本は森村について、三カ月前に領事館員としてハワイに来た日本の若者で剣道経験者だとグラヴァーに説明している。新入りの森村は静かに佇み、片言の英語で受け答えしながら、大抵はグラヴァーと浜本の会話をじっと聞いていた。

いざ防具を着けて稽古を始めてみると、左利きの剣士グラヴァーは森村の別の側面を見ることになる。落ち着き払った様子の、幼少期から続けているという日本から来た若手剣士と対峙した。竹刀が激しくぶつかり合う。相手の一振りの威力に、グラヴァーは不意を突かれた。ハワイの剣道の闘い方は、短く素早い突きが特徴で、頻繁に繰り出すが一打の威力は比較的小さい。森村の太刀は一振りが重く、相手に一撃でダメージを与える。

かなり攻撃的なスタイルだが、森村は「これが最も有効な闘い方だと中国での事変で証明されています」と、その優位性を擁護した。〝事変〟か……。侵略、戦争、あるいは虐殺では？　グラヴァーは思ったが、口にするのは慎んだ。稽古を終え防具を外して立ち話をしているとき、森村の手の指先が一本欠けていることに気がついた。

グラヴァーは同剣道クラブの白人剣士の中ではトップクラスだが、白人の上級者はほかにもいる。グラヴァーとともに稽古に励む、海軍予備役のテッド・フィールディングと、海軍工廠の下級製図技師ハロルド・シュナックだ。グラヴァーと森村が手合わせしているところへ、二人がやってきた。「お友達ですか?」森村はグラヴァーにそう尋ねると、愛想よく一人ずつ挨拶をし、家族や学歴、職業など、真面目な質問をした。

森村は、ハワイ流剣道を下に見るところがあるものの、やがて剣道クラブの馴染みの顔になっていく。人懐っこいところを見せて友人関係を築こうと、領事館で知り合った独身女性たちと楽しんだ話などを周りに聞かせたりもしている。少しして森村は、グラヴァーとフィールディングを女性たちとのパーティーに誘ってみるが、二人はその誘いを丁重に断った。[17]

## アレワハイツ

ホノルル
一九四一年一〇月一一日

吉川猛夫は、日本料亭「春潮楼」の座敷に座り、窓から見える真珠湾の灯りを見つめている。夜明けの光が空をオレンジ色に照らし出したころ、戦艦が港を出始めた。吉川は、出港の準備をしている艦の種類や名称を特定しようと目を凝らす。今では、艦隊の基本的な展開パターンだけでなく乗船している将校の名前もほとんどわかっている。[18]

ここ春潮楼の女将、藤原《ふじわら》タネヨは、吉川が妙な時間に座敷に居座り、酒を飲みながら艦艇を眺めるのを許してくれている。それに、もうこちらから窓際の席を頼む必要もない。女将は吉川が何も言わずとも、いつもこの場所へ通してくれるのだ。

芸者たちも、知らず知らずに協力してくれている。吉川は、彼女たちが米兵たちとのお喋りに花を咲かせるのを見た夜は、閉店後の雑談に耳をそばだてた。「時折、ちょっとした情報を彼女たちから得ることができた。もちろん、彼女たちのあずかり知らぬうちに」と吉川は言う。「女の人に秘密を明かすのは危険すぎるし、ハワイに住む日系人は基本的にアメリカへの忠誠心が強いことがわかっている[19]」

吉川のもう一つの顔、森村正は、領事館での評判があまりよろしくない。朝は一一時ごろ現れて、とくに仕事をするふうでもなく、ハワイ中をあちこちぶらついては経費ばかり使ってくる。同僚の職員たちがそれを快く思っていないことは本人も知っていた。しかし同時に、領事館の女性たちが、自分の荒っぽいが茶目っ気があり自由奔放なところに惹かれていることも気づいている。[20]

ホノルルへ来て最初の協力者だった関三等書記官とは、反りが合わず、関係がうまくいかなくなった。関は、活発で人目を引く森村を信用せず、また妬んでいる。二人は、作戦の基本方針で言い合いになった。関は、ハワイ諸島のほかの地域を監視するために、もっと人員を増やすべきだと主張する。吉川は、地元市民の中から適任者を見つけるのは困難だからと、その意見に反対した。結局、奥田副領事の独断で、この議論を終わらせた。関に、諜報活動から外れるよう命じたのだ。

艦隊や現地の防衛体制に関する最新情報を送れという東京からの注文に応じるため、吉川は多忙を極めている。パールシティの街を歩いたり、剣道の練習をしたり、カメラを持って島を観光したり、ヒッチハイクする水兵を拾ったり、真珠湾内の艦艇を監視しながら春潮楼で長い夜を過ごしたり、まるで四六時中任務についている気分だ。

吉川は、事代堂に頼りすぎるのを避けるため、領事館の二人目の書記生と、「ロイヤル・タクシー・スタンド」のオーナーでもあるジョン三上《みかみ》に運転を頼むようになっていた。三上は日本国籍を持ち、領事館内で彼を知る人たちからは真面目で思慮深い運転手だと信頼されている。彼は「森村」の優先事項に気づき、やがて軍関係の重要な情報や変化を見つけると頼んでもいないのに教えてくれるようになった。

下手な英語を話し教養も低いが、艦隊を観察することに関しては天性の才がある。関よりも詳しいくらいだ。もっと素晴らしいことに、彼はビジネスと遊びを混ぜるのが好きで、ドライブに若い女性を誘う手助けもしてくれる。吉川と三上は最近、領事館の秘書をする田中サカエと彼女の友人を誘って、カネオヘ湾のボートツアーに出かけた。このボートは船底がガラス張りになっているのだが、男たちはそれを覗いてみることもせずに、海軍航空隊基地に停泊している飛行艇PBYカタリナ（哨戒爆撃機）ばかりを見ている。[21]

二人は無謀なまでに自信家である。一度など、三上がハワイ軍管区の司令本部であるフォート・シャフターのゲート内へ車を走らせたことすらあった。何も知らないふりをして敷地内を歩き回っていたが、途中で止められて追い返された。そのとき自分たちの身元を明かすものは一切提示していない。吉川は、大した成果は得られないし大胆でも何でもないのだが、宗教の会合に出席して地域のリーダーたちともふれあっている。「私の極秘任務の助けになりそうな影響力のある人々はみな、一貫して非協力的であった」と吉川は回想する。[22]

吉川はある夜、眠くて目が閉じそうになるまで春潮楼で遊んでいた。明日も領事館に一応出勤しなくてはならないので、そろそろ寝に帰ろうかと店を出る前に、その晩もてなしてくれた芸者たちをオアフ島上空の遊覧飛行に誘ってみた。ウィーラー陸軍飛行場の滑走路の向きや格納庫の数などを調べたいのだが、魅力的な女性が一緒ならカモフラージュにもなる。芸者の一人が承諾してくれて、デートの日は一〇月一三日の月曜日に決まった。[23]

## 発　ハロルド・スターク海軍作戦部長

宛　太平洋地域の全海軍前哨基地
一九四一年一一月二七日

本電は、戦争警報と捉えられたし。太平洋における事態の安定化を目指した日本との交渉は打ち切られた。数日以内に日本が軍事行動を起こす恐れあり。日本軍の部隊数、装備、および海軍の機動部隊が編成されたことからも、フィリピン、タイ、マレー半島、あるいはボルネオ島に対し、水陸両用作戦を決行することが予想される。WPL－46（海軍基本戦争計画）で指定された任務遂行の準備として、適切な防衛配備を実施せよ。各管区および陸軍当局にも通告されたし。陸軍省からも同様の警報が発令されている。

ハズバンド・キンメル大将は、「戦争警報」という文字を心底懸念しながら読んでいた。独特な言葉であるし、間もなく戦争が始まることを意味している。そしてそれは、予想攻撃目標にハワイが含まれていないことから、どこか遠くの地で起きるらしい。

しかし、キンメルもほかの大半の司令官と同様に、ワシントンからの警報には反応が鈍くなっている。これまで、こうした警告が当たった試しがないからだ。ウィリアム・ハルゼー中将は、これを「狼メッセージ」と呼んでいる（イソップ寓話「オオカミ少年（嘘をつく子供）」の話から）。あまりに頻繁に発令されるので、みんな深刻には受け取らなくなっていた。その結果ハワイでは、ＰＢＹカタリナによる海岸線の哨戒は行われず、レーダー技士たちに日本の遠征部隊が近づいてきていることが知らされず、陸軍情報部にこの電文が伝えられることもなかったのである。

この前日には、日本の空母機動部隊が択捉島《えとろふ》単冠《ひとかっぷ》湾を出航。照明をすべて落とし、無線を封止し、暴風吹き荒れる海原に乗り出していた。空母六隻、重巡洋艦二隻、潜水艦三隻、軽巡洋艦一隻、給油鑑七隻、戦艦二隻、駆逐艦九隻という大艦隊である。目標は、オアフ島だ。

## カラマ・ビーチ

**オアフ島**
**一九四一年一一月二八日**

今日、吉川猛夫は、観光客風の服装をして、初めは個人タクシーを使い、途中で降りて徒歩で移動している。つい先日、真珠湾湾口の潜水艦防御網の状況を調べるために一日ママラ湾を潜っていたので、すでに体中が筋肉痛だ。見つからないよう苦労して長時間水中を泳ぎ回ったのに、防潜網は確認できず、まったくの骨折り損だった。

一一月一五日以降、吉川は総領事館経由で新たに届いた電報の要求に応えるために動いている。〈日米関係は最も緊迫した状況となったゆえ、今後貴下の『湾内在泊艦艇報告』は不規則に、ただし頻度は週二回とすること。すでに重々承知とは思うが、くれぐれも機密保持に注意を払われたし〉

そして今、この最後の忠告に反するようだが、あるナチスのスパイに現金一万ドルを届けるという任務を受けている。[24]

喜多総領事は、ホノルル在住の元ドイツ海軍士官オットー・キューンを二万ドルで雇い、通過する艦艇と近くの飛行基地をスパイするよう依頼していた。キューンが領事館のために働くのはこれが初めてではなく、一九三六年から三九年にかけて米艦隊の偵察を行っていた。今また、その関係が再開されようとしている。

キューンの売りは情報だけではない。その情報を得るためのロケーションだ。ビーチハウスを二軒所有しており、島の裏側からリアルタイムの情報を収集できるのだ。戦争が始まれば領事館が閉鎖されることは確実で、島にスパイを残置させる価値はさらに高まるだろう。

吉川は、そのスパイに最初の報酬を届けにきた。一〇〇ドル札の束が、茶色い厚紙の封筒に入れられている。この現金を手渡した喜多の言葉がまだ耳に残っている。「この任務の適任者は、君以外には考えられない」

キューン宅前に到着した吉川は、二階建ての家をしばし観察している。どうやら結構な資産家らしい。ビーチのすぐ際に建ち、海に面した切妻のドーマー窓（屋根裏部屋の採光窓）が目を引く。裏庭にもう一軒、小さな建物の端が見えた。

玄関をノックすると、ドアを開けたのは子供だった。

「お父さんはいるかい？」吉川が尋ねる。

一一歳の少年は、目の前の日本人をじっと見つめている。吉川は、プロの目に観察されているような、妙な感覚を覚えた。「ちょっとお待ちください」返事とともにドアが閉まる。

ドアが開き、大柄だが痩せこけた顔の男が現れた。息子の姿はもうどこにも見当たらない。「裏で庭仕事をしていたんでね」

「あんたがオットー・キューンか？」吉川がぶっきらぼうに尋ねた。

「そうだ」とキューン。髪の生え際がかなり後退していて目が若干離れているので、サメの顔を思わせる。

「ホムベルク博士からの預かり物を届けにきた」吉川は、以前キューンが日本政府から得た金を資金洗浄するのに使っていた偽名を出した。

「裏庭の東屋《あずまや》へ来てくれ」サメ顔のドイツ人は吉川を促す。[25]

キューンは、ナチスの諜報機関「アプヴェーア」に雇われていて、国民啓蒙・宣伝大臣のヨーゼフ・ゲッベルスと怪しげな噂が囁かれるほど密接な関係にある。キューンの娘スージーは、一七歳のときにゲッベルスの元愛人だった。ヒトラーの嘲笑を買うことを恐れたゲッベルスは、キューン一家全員を遠方に赴任させるよう手配したのだ。

それが一九三五年のことで、以来一家はハワイに住んでいる。妻フリーデルと娘スージーの異母弟ハンス・ヨアキム・キューンもまた、スパイとして活動している。娘のスージーは、美容院を営んでいた。料金が街一番の安さと評判で、そこを行きつけにしている軍高級士官の妻たちが、夫たちの仕事や配属先にまつわる噂話に何時間でも花を咲かせている。夜になると、スージーは軍関係者とのロマンスを通して、軍の内部情報を集めていた。

末っ子のハンスも、スパイ一家の立派な一員として働いている。両親は彼に米海軍の水兵の格好をさせて、港付近を歩かせていた。海軍兵の目にとまれば、気を良くした兵士たちが時折軍艦の中を見学させてくれるのだ。ハンスは、招待されたら一人でも乗船し、気になったことを何でも報告するように訓練されていた。

ハワイでのこうした行動はGメンの目を引き、FBIがすでに一度、キューン一家の捜査に乗り出している。三九年五月一日付のFBI長官宛のメモには「キューン夫妻には自由に使える相当な額の金があることは明白」と書かれている。「彼らは頻繁に人を招き贅沢なもてなしをしている。ゲストの顔ぶれは通常、ホノルルから約四〇キロ圏内にある陸軍基地の将校および妻たち、あるいは真珠湾基地の海軍将校および妻たちである」

三九年の捜査の顚末は、ひどいものだった。「夫妻が陸海軍の将校らを接待する目的が軍の機密や動きに関する情報を入手するためであることは、かなり前からわかっていた」

捜査官らは、一家のホノルル銀行の取引記録を押収。一九三六年から三九年までのあいだに、七万ドル相当の入金が確認されたが、第一四管区情報局の誰一人として、この金がキューン一家が請け負った情報収集の依頼に対する報酬だと気づく者はいなかったのだ。キューンはこの大金について、故人からの遺産だと主張している。巧妙な資金洗浄を施したその金は、実はアプヴェーアではなく日本総領事館からのものだった。

危ういところで難を逃れたキューンは、その後も懲りずに大胆な行動を取り続けた。戦争の兆しが高まるのを察知し、これを金儲けのチャンスと捉えたのだ。四一年九月、キューンは日本総領事館へ出向き、アメリカ軍を見張る〝目〟になってやると喜多総領事に持ちかけた。

裏庭の東屋に通された吉川は、喜多から預かった厚紙封筒と手紙を渡す。キューンはそれらを受け取ると、これ見よがしに手紙から開けて、タイプライターで打たれた英語の文面を読んだ。

「なんて書いてあるか、知ってるんだろう?」キューンが吉川にカマをかける。

吉川は知らないふりをして首を振った。二軒ある家のどちらかに短波送受信機を置き、特定周波数でテスト送信をする日時を決めてほしいというメッセージだ。初対面の人間と詳しい話をするつもりはない。

キューンが顔をひきつらせているのをみると、どうやらこのアイデアは即座に却下らしい。短い返答を紙に走り書きすると、それを封筒に入れ、平然としている吉川に手渡した。「少し時間をくれ。別の方法を考えて知らせに行く」

「私に言われても困る」吉川はそう言いながら、金の入った封筒を渡した。「奥田副領事に言ってくれ」

「この中身を知っているか?」封筒の重さを手で確認するそぶりでキューンが尋ねる。「領収書は、ご入用ですかな?」

喧嘩を売っているのだろうか。キューンは吉川を、信用に値しない使いっ走りのごとく扱ったのだ。「いや、結構」吉川はそっけなく返し、タイプライターで書かれた署名のない手紙を指差して「破棄しておいてくれ」と念を押した。[26]

一一月三〇日にはキューンが領事館にやってきて、エンジンをかけたままの車に妻を待たせ、秘密の情報伝達方法を入れた封筒を届けにきた。そこには、物干しロープに掛けたベッドシーツ、二軒の家の窓に燈す灯り、車のヘッドライトの点滅、ヨットの帆に書いた印といったものを、さまざまに組み合わせた一七種類の合図が考案されている。

奥田、吉川、喜多の三人は、すぐさま複雑すぎると気づき、作り直すように頼んだ。一二月二日、キューンの息子が奥田に新しい合図の詳細を伝えにきた。組み合わせは八種類に減らされている。カラマ・ビーチの家のドーマー窓に午後九時から一〇時にかけて灯火が一つ見えたら「空母はすでに出港」、ラニカイ・ビーチの家の物干しロープに午前一〇時から一一時にかけてシーツが一枚干してあれば「戦艦部隊は出港」、といった具合に。また、新聞の求人広告欄に合図となる言葉を掲載するという、〃木を隠すなら森〃的な合図方法も考えられている。[27]

領事館は今、ラニカイとカラマの海岸線に監視拠点を持ち、戦争突入となり領事館が閉鎖された場合でも、監視諜報活動を維持できるスパイ網を確保した。喜多はキューンの合図作戦の詳細を東京に伝える。するとその日のうちに、さらに多くの指令が送られてきた。

電信：発　東京　東郷茂徳外務大臣
宛　ホノルル　喜多総領事
一九四一年一二月二日

現状況の観点から、戦艦、空母、巡洋艦が湾内に存在することが極めて重要である。したがって今後、貴下はできうる限りこれについて毎日報告されたし。真珠湾上空に阻塞《そさい》気球（低空からの攻撃を防ぐためのもの。小型爆弾を付けたものもある）があるかないか、またそれらが上げられる兆候が認められるかどうか、いずれの場合でも打電を求む。また戦艦には防雷網が施されているかどうかも知らされたし。[28]

# アレクサンダー・ヤング・ホテル

ホノルル
一九四一年一二月三日

アーヴィング・メイフィールド大佐は電話を耳に押し当て、連邦政府庁舎にいるシヴァーズ特別捜査官にメッセージを残している。部下の一人が、ホノルルの日本総領事が書類を燃やしているという噂をインフォーマントから聞いたという。〈シヴァーズはこのことを確認しているだろうか？〉

最近まで、メイフィールドがこんな電話を掛ける必要はなかった。しかし、ＦＢＩが領事館の電話を盗聴している今、彼らの耳が頼りだ。

メイフィールドは、ＦＢＩがすべての回線をカバーしきれていないことを知らない。シヴァーズはシヴァーズで、海軍は独自に盗聴器を仕掛けていると思っている。二人は互いを信頼しているが、領事館の電話傍受に関しては、現在のところ連携がうまく取れていなかった。

先日、善意によって作戦が失敗に終わる、という出来事があった。一一月下旬、シヴァーズは、海軍が領事館のある回線に盗聴器を仕掛けていないことに気づいた。主に厨房のコックたちが使う電話である。そこで、このギャップを埋めるため、すでに混み合っているジャンクションボックスに新しい盗聴器を追加するよう、部下に命じた。

万事良好、と思われた。ところが、領事館からの依頼で出向いた電話修理工がＦＢＩの仕掛けたジャンパー線を見つけ、ジャンクションボックスを開けてみたところ、中に妙な配線がぎっしり詰まっているのを発見してしまったのである。修理工がこのことを会社に通報したと、海軍につながりのある者からメイフィールドに知らせがあった。メイフィールドは、ＦＢＩも領事館の電話を独自に監視していると考え、海軍が仕掛けた盗聴器をすべて撤収させた。それが一二月二日のことである。[29]

ダグラス和田にとっては、これで領事館の情事を覗き見る日々がおしまいになる。海軍の盗聴作戦では特段重要な機密情報は得られなかったが、これからは新聞で喜多の写真を見るたびに、夜な夜なメイドを自室に連れ込む姿を想像せずにはいられないだろう。しかも当人は、それを誰にも悟られていないと思っているのだ。

現在、第一四管区情報局には二五人の士官と三〇人の特殊技能兵（下士官）がいるが、メイフィールドにはそれでも手が足りない。彼は、情報組織の運営に加えて、有線・無線通信の検閲ができる人材の確保と訓練も任されていた。新しく着任した者のほとんどが採用前に諜報訓練を受けていないというのも、悩みの種である。上層部からの支援も、相変わらず当てにはならなかった。キンメル大将とショート中将とのままならない会合では毎回苛立ちを嚙み殺している。一度など、ショートに「諜報ばかりに気を取られてはいられない」とまで言われたのだ。メイフィールドにとって、ハイリスクな上に労力も神経もすり減らす領事館の電話監視作戦の責務から逃れられたのは、ありがたい限りだった。

三時間が慌ただしく過ぎたころ、電話が鳴った。シヴァーズからである。一時間前、ＦＢＩは日本総領事館のコックがかけた市内通話を傍受し、「喜多総領事が重要書類をすべて燃やして破棄している」と話すのを聞いたという。また、これについてフーヴァー長官に打電済みだとも伝えてきた。

メイフィールドはシヴァーズに礼を言って電話を切ると、部下たちにもっと詳しく調べるよう命じた。彼は、シヴァーズがこの情報を厨房の電話を傍受して確認したという事実に気がついていない。シヴァーズは、その電話を海軍がカバーしていなかったために、メイフィールドは喜多の行動に気づけなかったのだと推測した。[30]

夕方までには、ハワイ以外でも同様のことが行われているという報告がメイフィールドのもとに上がってきた。この日の公式声明では、ワシントン、ロンドン、香港、シンガポール、マニラの外交官らも、暗号文や書類などを燃やしていることが警告されている。[31]

ホノルルの防諜員らにとって、これは冷静ではいられないニュースだ。重要な証拠の存在を見逃し、みすみす灰にしてしまったかもしれないのである。同時に、ハワイが攻撃される可能性を警告する具体的な情報は何も入ってこなかった。

メイフィールドは未だ、RCA社を説き伏せての公電傍受に望みをかけている。領事館内では、喜多と東京とのあいだでケーブル通信が大量にやりとりされていると思われ、少なくとも一二月一日以降の通信は、じきに入手できるはずである。しかし、電文は暗号で届き、海軍情報局にはそれを解読する能力がないため、ハイポに暗号解析と翻訳を依頼する必要がある。最初の公電通信を受け取るまであと二日、それらを読めるようになるまでには、さらに一週間を要する。早くて一二月一一日だろう。[32]

海軍情報局
ワシントンDC
一九四一年一二月四日
複数の情報源から得た情報をもとにした海軍情報局破壊活動対策課によるメモ
主題：一九四一年のアメリカ合衆国における日本の諜報およびプロパガンダ活動

作戦の手段と攻撃目標
米日間で緊張が高まる中、日本政府は自国の情報収集システムが、戦争を伴う状況に対し不十分であると判断した。一九四一年二月、新駐米大使野村吉三郎《のむらきちさぶろう》海軍提督の着任とときを同じくして、合衆国国内の日本の外交官および領事代表らは情報網の再編と強化、および従来の「日本文化宣伝啓蒙」方針の緩和を指示されている。

これまでに、二国間の外交および通商関係が断絶した場合にも活動の継続が可能な、戦争に対応した諜報機関が始動しており……［中略］。日本の諜報活動の焦点は、当国の総戦力を把握することにある。日本は当国との軍事衝突の可能性に備え、陸・海軍および通商関連の情報を入手するため利用可能なあらゆる機関を精力的に活用しており、特に西海岸、パナマ運河、ハワイ準州に注目している模様。[33]

## 連邦政府庁舎《フェデラル・ビルディング》

**ホノルル**
**一九四一年一二月四日**

ロバート・シヴァーズ主任特別捜査官はペンを手に取り、手元の報告書を読み返す。これから署名をして、フーヴァーに送るのだ。ここには、戦争が始まった場合に拘束することになっているハワイ市民三四七人の名前が書かれている。そのうちの九人を除く全員が、一世の「敵性外国人」である。ＦＢＩと陸軍が共同で作成したこの名簿のほとんどの人は、反逆罪など犯すはずもない無実の人たちで、シヴァーズもそれをわかっている。しかし、これが彼にできる最善のことであり、起こりうる危機から国を守るという職務を果たすことにもなる。

シヴァーズは書類に署名をし、ワシントンに送った。それから、現在ホノルル警察署長代理を務めるジョン・バーンズを、内密に話があると言ってオフィスへ呼び出した。到着したバーンズ署長代理は、シヴァーズの表情が曇っていることに気づく。「何を聞いても、希望が持てないようなことばかりだ。私は、今週中にも日本が太平洋のどこかを攻撃すると踏んでいる」

バーンズは黙ったままだ。彼自身が最も恐れていたことが今、核心をよく知る連邦捜査官によって裏付けられてしまったのだ。「信頼できる情報源をすべて当たって、不穏な動きがないか調べてほしい。どんなことでも構わない。不審船、短波無線の使用者、街の噂……」

バーンズは耳を傾けてはいるが、目が潤んでいる。辛そうに首を振り、「調べてみます」とだけ答えた。

翌日、シヴァーズのもとにフーヴァーから返答が届く。逮捕予定者のリストは承認された。宣戦布告があれば該当者全員を直ちに拘束できるよう、特別捜査官はＦＢＩ、地元警察、陸海軍合同作戦の準備を開始すべし、と。

**発　ホノルル　喜多総領事**

宛　東京　東郷茂徳外務大臣
一九四一年一二月六日

……真珠湾付近を調査したが、阻塞気球用の係留装置を設置した様子も、それを行う部隊を選出した様子もない。また、気球の整備訓練も行われていないようである。現在のところ、阻塞気球の設備は見当たらない。実際、この地域に気球を配備することは想像し難い。しかしながら、たとえ設置準備を進めていたとしても、海上、および真珠湾、ヒッカム、フォード、エワ周辺の空港の滑走路上空を管制する必要があり、阻塞気球による真珠湾の防衛には限界がある。これらの場所が奇襲に遭う確率はかなり高いと考えられる。私の見立てでは、戦艦に防雷網は設置されていない。

## 太平洋

真珠湾湾口より一〇マイルの地点
一九四一年一二月七日

酒巻和男《さかまきかずお》少尉[34]と稲垣清《いながききよし》二等兵曹は、搭乗している全長二四メートルの潜航艇（旧日本海軍時代の潜水艇の旧称。潜航水雷艇の略）が母艦である伊号第二四潜水艦から切り離されるとき、世界が傾くのを感じた。二人は、内幅一・五メートルのHA-19「ミゲット《小型》」潜水艇――帝国海軍が呼ぶところの特殊潜航艇〈甲標的《こうひょうてき》〉――の中に、窮屈《きゅうくつ》に収まっている。自力航行に切り替わった瞬間、船体がひっくり返りそうになり二人ともよろけてしまった。

「ツリム（トリムに同じ）に異常があるようだ」傾きが直ったあと、酒巻が稲垣に言った。「バラストを少し捨ててきてくれ」艇内には、船体を安定させるための鉛の重りが積んである。十代の稲垣が後部へ這っていった。

今は真夜中、日付が一二月七日に変わったところだ。順調にいけば、酒巻は昼前には華々しく命を散らせることができるだろう。一一月に二三歳になったばかりだった。

酒巻は、若い士官と下士官が半々ずついる一〇名の水兵のうちの一人で、真珠湾に停泊中の米戦艦を攻撃すべく、五隻の小型潜航艇からなる船隊の搭乗員として選ばれた。志願者は一人もいない。バッテリー駆動の〈甲標的〉は、通常の潜水艦では浅すぎて航行不可能な海域でも進むことができるため、この極秘任務には最適とされた。少なくとも、設計者はそう言っている。これは、試験航行なしの実験的戦闘艇なのだ。

持ち込んだのは食料、ワイン、そして真珠湾の地図。そこには各バースに停泊している戦艦の名前が書き込まれている。その情報は、ホノルルの領事館に勤めるスパイからもたらされたものだ。二人は「吉川」という名前こそ知らないが、彼には感謝している。地図には、そのスパイが一二月五日に、出撃前最後となる無線電信で伝えてきた最新情報が追加されている。そのころはまだ、酒巻らの〈甲標的〉は母艦に抱えられていた。[35]

五隻の特殊潜航艇に与えられた使命は、湾内に密かに潜入し、日本軍の戦闘機や爆撃機による攻撃が収まるまで隠れているというものだ。攻撃が止んだところで、重さ約四五〇キロの魚雷二本を停泊中の敵戦艦めがけて発射するのである。これは、厳密には必死の特攻作戦ではなく、ハワイ諸島のラナイという小島の沖合で母艦と落ち合い収容される手筈になっていた。搭乗員にはオアフ島海域から脱出するための海図も渡されている。しかし、極めて危険であることはいうまでもない。第三潜水戦隊の搭乗員たちは、この作戦に選ばれたときから、ハワイで死ぬるのだという考えが植え付けられている。ほかに兄弟がたくさんいることが、選考基準の一つだった。そして、酒巻にはほかに七人の兄弟がいる。[36]

家族のことは考えまい、と酒巻は自分に言い聞かせる。一一月一八日に別れたときは、心が引き裂かれた気分だった。両親も友人たちも、自分のことを誇りだ自慢だと言い続けてくれたが、彼らの顔を見ることができなかった。こうしている今も、もう二度とふるさとに戻れないかもしれないという思いに、気持ちが押しつぶされそうになっている。[37]

酒巻と稲垣にとって、死は、この秘密船隊のほかの八人よりもずっと確実なものに思われた。酒巻は発進前、母艦伊号二四の艦長である花房博志《はなぶさひろし》中佐に、搭乗艇のジャイロコンパス（潜航艇の羅針儀）が故障していることを報告している。

「酒巻少尉、お前はどうしたい？」

「出撃します、艦長」酒巻は即答した。

「いざ、真珠湾へ！」艦長は満足して、声に力を込めた。

海中に放たれた今、酒巻は自分が置かれた現実に、先ほどの勇敢な決意も揺らいでしまいそうである。発見される危険性から、海面に浮上することはできない。さりとて、ジャイロコンパスなしにまともに操縦することは不可能だ。潜望鏡を覗く短いあいだだけ浮上した酒巻は、ホノルルの灯りが遠ざかるのを目にして愕然とする。誤った方向に進んでいたのだ。「ああ、天は我々を見放したか……」頭の中で呟いた。[38]

酒巻は再び潜航すると、作戦が失敗に終わることへの恐怖と戦いながら航行進路を正しく読み取ろうと試みる。もはや、船隊のほかの四隻がオアフ島まで無事たどり着き戦果を上げてくれるのを祈るしかない。引き返すには遅すぎた。真珠湾攻撃は、もう始まっているのだ。

# 第五章 二度押し寄せた波

## 大日本帝国海軍航空母艦〈赤城〉

太平洋洋上
一九四一年一二月七日

源田《げんだ》実《みのる》中佐はハワイに潜入するスパイからの情報を常に待ちわびているが、かつてこれほど重要な通信を待ったことはない。夜明け前、総領事館を介して送られてきたこの電報が、ホノルルからの最後の報告になるだろう。作戦開始のわずか数時間前に、東京から暗号文で源田の元に届けられた。この詳細な情報は、つい二日前のものである。[1]

源田にとって、ここまで長い道のりであった。農業を営む実家を出て戦闘機乗りになり、アクロバット飛行隊を率いて空を舞い、イギリス滞在中にバトル・オブ・ブリテンを目の当たりにした。そして今、歴史に深く刻まれることになる攻撃の前夜、ハワイを目指し荒波を切る機動部隊の、旗艦空母の暗い艦橋にいる。

〈赤城〉には馴染みが深い。源田は一九三一年にも戦闘機搭乗員としてこの艦に乗っていた。しかし、今回は状況がまったく異なっている。日本海軍がこれから行おうとしていることは、過去に一度も例のないことである。そしてその大半を計画したのが、ほかでもない源田自身なのだ。

源田と連合艦隊司令長官の山本五十六《やまもといそろく》大将は、一九三三年に空母〈龍驤《りゅうじょう》〉にともに乗艦して以来の旧知である。三三年といえば、その年から源田は、暇を見つけては真珠湾の米軍基地を空から攻撃する方法を研究し始めた。その理由の一つには、戦闘機では攻撃不可能とされた遠方の目標に、パイロットの威信をかけて挑戦したいというのがある。

一九四一年初頭、山本長官は信頼をおく将校たちを集めて真珠湾基地攻撃の計画の全容を話し、源田には非常に厄介ないくつかの技術的問題を解決するよう依頼した。日本が新たに開発した浅沈度魚雷（着水時の衝撃で除去される木製の安定翼を備えた革新的な魚雷）の投下練習と、ヨーロッパの戦闘で得た教訓を活かした戦術航空機による水平爆撃の訓練を指揮するよう命じられたのだ。彼は早くから、真珠湾を襲撃するなら第三波攻撃の必要性を唱えていた。第三波で、重油タンクの貯蔵地や乾ドックなどの修理施設を破壊すべきと考えたのだ。

数年にわたり検討を重ね、数カ月かけて懸命に準備し綿密に計画を立てた末、決行の時はすぐそこに迫っている。しかし、真珠湾に到達した航空戦隊のパイロットたちは、そこに何を見るだろうか？　第一航空艦隊司令長官、南雲忠一《なぐもちゅういち》中将が先ほど発表した、ハワイの諜報員からの報告通りであることを願うばかりだ。

南雲が真珠湾の情報を読み上げる。「真珠湾在泊の艦、以下の如し。戦艦九、軽巡三、水上機母艦三、駆逐艦一七。帰港途中のものが軽巡四、駆逐艦三。空母および重巡はすべて出港中とのこと。艦隊に異常の空気を認めず」

あまり喜ばしくない知らせだ。本来、空母の無防備な甲板に急降下爆撃を仕掛けるのが理想的だったのだ。空母がいないとわかった今、当然、源田は南雲中将が基地のインフラや重油貯蔵施設にもっと真剣に注意を向けてくれると密かに期待していた。

源田と山本長官の失望をよそに、南雲はアメリカの海軍基地に長期的なダメージを与えられるであろう港湾施設への攻撃には、あまり関心がないようである。彼が優先する攻撃目標は、あくまでも海戦の主力である戦艦なのだ。日本がこれをしっかり叩いておけば、太平洋艦隊は〝航行不能〟になり、アメリカは太平洋戦争に対する戦意を失うと考えている。

ハワイのスパイからの情報は、そのままパイロットたちへの指示に反映される。第一波攻撃隊の雷撃機は、艦上攻撃機がオアフ島全域の飛行場を攻撃するあいだに、バトルシップ・ロウに沿って並ぶ戦艦群に的を絞って魚雷投下するよう命じられていた。

# カマ・レーン

## ホノルル
## 一九四一年一二月七日

ダグラス和田にとって、日曜の朝といえば釣りである。友人や家族と毎週末のように、真珠湾へ釣りに出掛けている。しょっちゅう行くので、生きエビの入ったエサ箱は、第二埠頭《ピア・ツー》の桟橋の下に隠してある。

今日の予定では、朝五時に第二埠頭へ餌を取りに行き、友人二人とウルア（アジの仲間）の稚魚パピオを釣りに行く。待ち合わせの時間までには、まだ十分間がある。ところが和田が桟橋につくと、エサ箱がなくなっていた。

友人たちが待つ自宅へ戻ると、二人はエビがなくなっていたことにがっかりするものの、釣りを諦める気はない。代わりにカリフォルニアシュリンプを買い、八キロ離れたダイアモンドヘッドの麓のビーチまで和田の車で行くことにした。

カマ・レーンを出発したのは朝七時。少々出鼻をくじかれたからといって、その日一日が悪い日になると決まったわけではない。

# アメリカ合衆国海軍駆逐艦〈ヘルム〉

**真珠湾**
**一九四一年一二月七日**

駆逐艦〈ヘルム〉艦長チェスター・キャロル少佐は、艦が真珠湾のウェストロックへと進むのを艦橋から見守っている。時刻は午前七時五九分。[2]日曜の朝であろうと〈ヘルム〉には総員が搭乗している。キャロルは昨夜、みんなに上陸休暇を許可したが、〇七〇〇時の出航に間に合うように早朝に艦へ戻ってくることを命じていた。

ウェストロックには、デパーミング・ブイと呼ばれるものがいくつか設置されている。これは、艦艇や潜水艦が港を出る前に、船体の磁場を除去するためのフローティング・ステーション（船体消磁所）だ。キャロルは〈ヘルム〉をブイの一つにゆっくり横付けするよう命じた。そこで約二〇〇〇アンペアのパルス電流が流れる電気ケーブルのループの中に船体を通す（こうすることで船体に小さな磁場が発生し、周りの磁場の影響が相殺される）。これにより、海上・海中を航行中に金属製の船体に自然に蓄積される磁気が除去され、魚雷や海底機雷の磁気信管を作動させてしまうリスクを大幅に低減することができる。

キャロルは、横にいる一三歳の息子チャットに目をやり、微笑んだ。少年は、乗組員が任務に忙しく動き回るのを眺めていた。剛鉄の骨組みから伝わってくる機関の力強いエネルギーを感じながら、部下の誰からも敬われている父の様子を観察しつつ朝のクルーズを楽しんでいる。ウェストロックまでは、ほんの一時間ほどの船旅だ。

甲板で叫び声が上がり、キャロルは航空機の低く唸るプロペラ音を聞いた。黒い影がいくつも、高速でフォード島に落下する。チャットにようやくそれが何か見えてきた。米軍の航空部隊がフォード島上空で急降下爆撃の練習をしているのだ。しかし、先頭の爆撃機が急降下から機体を引き上げたとき、何かが分離した。その瞬間、衝撃とともに粉塵が上がり、滑走路に大きな穴が空いた。二機目の爆撃機が機体を引き上げた直後、格納庫が爆発。目撃したキャロルの全身に戦慄が走る[3]。

「総員、戦闘配置！」キャロルの号令に、搭乗員たちが慌ただしく緊急配備を開始した。爆撃機が一機、〈ヘルム〉へ向かってくる。両翼の真ん中でチカチカチカッと火花が瞬いた。タタタタタッ、弾丸の列が艦をわずかに外して水面を裂く。

「なぜ撃ち返さない⁉」キャロルが叫ぶ。前方の対空機銃が使われていない。機銃に塗られた保護用グリースを拭き取る作業に時間がかかっているのだ。

「少尉、この子を士官室へ頼む」そう言って息子を目で指す。ジェームズ・ベイカー少尉が、突然のことに目を丸くしているチャット・キャロルを艦内へ誘導する。少年はきっと昼までコミックブックでも読んで過ごすのだろう。「たとえ自分の回りで世界が吹き飛ばされようとも……[4]」べイカーは思った。

煙が立ち込める空に敵戦闘機の影が無数に見える。午前八時五分、〈ヘルム〉の機銃のグリース除去が完了。駆逐艦の五〇口径機銃が火を吹き、襲い来る日本軍機に反撃を開始した。[5]

バーバーズポイント基地の方角から、雷撃機の一群が真っ直ぐ彼らに向かってくる。飛行角度から見て、〈ヘルム〉が狙いではなさそうだ。キャロルは胸を撫で下ろした。戦隊は轟音とともに頭上を過ぎて行く。魚雷のターゲットは別にいる。

二基の五インチ砲の準備が完了すると同時に、〈ヘルム〉はウェストロックを離脱して主航路へ全力走航を開始。その上空にはさらに多くの敵機が舞っている。艦は前方の機銃を鳴り響かせながら本流へと滑り込む。その数分後、主航路上を横切る別の雷撃機群を認め、〈ヘルム〉の五インチ砲が狙いを定める。

後方機銃の一門から連射された銃弾のラインが、向かってくる敵機の進路を横切った。キャロルは、戦闘機が空中でヨロヨロと機体を揺らしたあと火を噴き炎上したのを見て、激しく歓喜した。ヒッカム飛行場の木々の後ろへ墜落したのを確認し、その時刻と仕留めたときの射撃位置を記録する。のちに、W・C・ハフという掌砲手の手柄だったことが判明している。[6]

大爆発の轟音が真珠湾全域に響き渡り、キャロルの満足感を一気に吹き飛ばした。バトルシップ・ロウの上空に巨大な黒煙がもくもくと立ち昇っている。艦尾から、大破した戦艦〈アリゾナ〉が海に傾いていく姿が見える。〈ヘルム〉は背後の大惨事から離れるために舵を切り、湾の入り口へ急いだ。狭い湾内では戦えない。それに、湾口で撃沈させられようものなら、とんでもないことになる。

八時一七分、駆逐艦〈ヘルム〉は真珠湾湾口へ到着。空へ向けて銃砲を構える。しかし、海面の警戒も怠ってはいない。すぐさま、艦の右舷、湾口水路のすぐ外側に潜水艦のセイルが見えたとの報告が入った。キャロルが双眼鏡で海面を調べると、敵潜水艦を発見するための訓練で覚えた形状の小型版が見える。アメリカの潜水艦ではない。湾口付近で身を潜めている。キャロルは双眼鏡から顔を上げた。[7]

「五インチ砲、用意」砲撃準備だ。

そうしている間に、潜水艦のセイルは波間に消えて行く。砲員がそこをめがけて発砲すると、爆破の衝撃とともに水柱が上がった。〈ヘルム〉は湾口外側のブイを通過し、自由に動ける海域まで出てから旋回し、潜水艦を最後に確認した地点に向かって速度を二五ノットまで上げた。追跡開始である。

一キロ先にセイルが再び現れた。どうやら、トライポッド・リーフ（珊瑚礁）の真上にいるらしい。波間に船体の一部が露出している。座礁して動けなくなっているようだ。

二基の五インチ砲が方位二九〇度へ回転し、砲員がこの妙に小さな潜水艦に狙いを定める。

「撃て！」

# トライポッド・リーフ

ホノルル
一九四一年一二月七日

酒巻和男と稲垣清は、自分たちに不名誉極まりない最後が近づいていることを悟っていた。彼らの乗った特殊潜航艇は、真珠湾の外で座礁した。

この任務は散々なものになった――特潜のジャイロコンパスが壊れている以上、暗礁だらけのこの海域を無事に航行することは不可能だ。詳細な地図があったところで、向かっている方角がわからなければ何の役にも立たない。彼らは二度リーフに衝突し、三度目にここ湾口脇で座礁して、激しさを増す空襲で立ち昇る煙柱を遠巻きに見ているほかない状態だ。

そして今、アメリカの駆逐艦にロックオンされている。

五インチ砲弾の衝撃音が船体に響いた。次の弾がすぐ近くに着弾して潜航艇を揺さぶり、酒巻たちは大きくよろめいた。はずみで離礁したのだ。

酒巻は、すかさず〈甲標的〉を波の下へ潜らせ、怒れる駆逐艦から遠ざかる。[8] そしていったん湾口から離れると大きく弧を描いて旋回し、再び海岸線に向けて進み始めた。奇襲攻撃に合わせての任務遂行は果たせなかったが、まだ諦めるわけにはいかない。湾の外にも撃破する価値のある標的がいるはずだ。

## カハラ通り四四〇一番地

ホノルル
一九四一年一二月七日

ロバート・シヴァーズは、二階の自室で着替え中だ。今日はここ、ブラックポイントの自邸で緊急対応会議を兼ねた朝食会をホストすることになっており、その支度をしている。時間は八時を少し回ったところ。あと一時間もしないうちに、招待客が到着する予定だ。今もコリーンとスーが、テーブルのセッティングをしている。

そこへ電話がなった。応対したスーがシヴァーズを呼び、「FBIのオフィスからです」と言いながら受話器を手渡した。

スーは、シヴァーズの顔が青ざめるのを見た。「彼らをここへ、よこしてくれ」落ち着いた、しかし虚しさが滲む声で電話の相手に指示し、「私はすぐにそっちに行く」と告げて電話を切った。

「日本軍が攻撃している、ここをだ」シヴァーズは二人に伝えた。「みんなが来たら、オフィスに来るように言ってくれ。でもその前に朝食を食べさせてやってくれよ。次にいつ食事が取れるかわからないからな」

ショックで立ち尽くす妻と同居人に早口で命じ、シヴァーズは急いで玄関を出る。「ラジオをつけたままにしておきなさい」

頭上でヴーンという音がして見上げると、三機の戦闘機が編隊を組んで飛んでいく。「日の丸、日章旗です……」翼の印を見て、スーはこの現実に気を失いそうになる。三機が飛び去ると、急いで妻を抱きしめたあと、ロバート・シヴァーズは車へ走った。ドアを開け、立ち止まる。「コリーン、外出するときは必ずスーを連れて行くんだ。彼女から目を離すんじゃないぞ」[9]

## 日本総領事館

**ホノルル**

**一九四一年一二月七日**

吉川は領事館でトースト、たまご、パパイヤとコーヒーで朝食をとっていた。「前夜は遅くまで仕事をしていたせいで、まだひどく疲れていた」とのちに回想している。そのとき、飛行機が飛んでいく音がして、そのあと遠くで「ドカーン」と最初の爆発音が聞こえた。〈きっと何かの演習だろう〉そう思ってやり過ごす。が、次の瞬間、頭が追いついた。〈いや、違う〉短波ラジオをつけようと立ち上がったとき、また爆発音が響き建物の窓ガラスをガタガタと震わせた。吉川はラジオのスイッチを弾き、窓の外へ目をやる。真珠湾はすでに黒い煙で覆われている。

そこへ、ゴルフへ行く格好のままの喜多総領事が慌てて入ってきた。二人で「ラジオ・トウキョウ」のニュースに黙って耳を傾ける。外は大混乱に陥っているにもかかわらず、放送は普段通りだ。二人は、はやる思いで天気予報を待った。「東の風、雨」アナウンサーが慎重に発音する。

世界中に散らばる無数のスパイや外交官にとって、それは東京の帝国議会がアメリカとの戦争を決断したことを意味する。(「北の風、曇り」は対ソ連、「西の風、晴れ」は対イギリスである)

ホノルルで実際に爆発音を聞いている二人にとって、それはニュース速報というよりも、開戦を公式に確定するものだった。吉川と喜多は無言のまま立ち上がると、総領事室へ急ぎ向かい、最近の暗号書と電報を集めた。そして外へ出て小さく焚き火をおこしたところで、実感が湧いてきて、少し呆然とする。互いの手を取り固く握り合った。喜多の目に涙が滲んでいる。二人は我に返ると、書類を破り燃やし始めた。

領事館の外に、ホノルル警察署の刑事たちが集まってきた。ＦＢＩのシヴァーズ特別捜査官は、奇襲攻撃が始まってすぐに地元警察へ電話し、領事館を監視下に置くよう要請していたのだ。刑事たちは、庭で一筋の煙が上がっていることに気づく。そしてすぐさまこれを報告した。発煙信号か、証拠隠滅かのどちらかに違いない。現場を押さえろと無線で指示が入り、警官たちは玄関へ走った。

吉川は焚き火をそのままにして、総領事室へ戻った。金庫の中のものを処分しなくてはならない。そこには、機密外交文書のほかに、オットー・キューンが考えた秘密の信号パターンや新聞広告を使った信号についての詳細を記した電報も残っている。キューンの有罪の証拠になるものだ。金庫の鍵を持っているのは領事館の暗号員だけである。しかし、吉川が彼を見つけたときには、刑事たちが建物内に突入してきていた。もはや書類の隠滅は叶わない。

吉川は、逃亡すべきかどうか迷いながら、その場からそっと抜け出した。メキシコへ逃亡して、そこからアメリカに対するスパイ活動を継続しようと計画していたのだ。しかし、領事館員全員が逮捕されるのは時間の問題で、逃げ切れる可能性はかなり低いと思われる。彼は、ただの領事館員として平然を装ったほうが、リスクが少ないと判断した。

刑事たちが焚き火の燃え残りを集め、喜多の執務室にある金庫の鍵を探しているとき、新たな爆発音が聞こえ、全員が一斉に北西の方角を振り返る。午前八時五〇分、真珠湾攻撃の第二波が始まった。

すぐ近くで耳をつんざくような炸裂音が響き、皆が飛び上がる。アメリカ軍が放った高射砲の不発弾が付近に落下して、爆発したのだ。[11] ホノルルの街に戦争がやってきた。

## ダイアモンドヘッド・ビーチ

**ホノルル**
**一九四一年一二月七日**

釣り具と、動揺する友人たちを車に乗せ、ダグラス和田はシボレーのアクセルを踏み込む。ワイキキのカラカウア通りを猛スピードで走った。「馬鹿野郎が」和田は日本軍を罵《ののし》った。「負けるのがわからないのか?」

「じゃあ、お前はこれを、侵略ではないと思うの?」

「そうは言ってない」と和田が答える。「もし侵略なら、俺たちはあまりに無防備だ」

バックミラーに赤い回転灯が見えた。ホノルル警察だ。「俺が話す」和田は身分証を準備した。

「この先は進入禁止だ」と言いかけた警官が、和田の身分証を見た。

そこに書かれた名前を確認したホノルル署の警官は、「行きなさい。彼らはあんたを探していると思うぞ」と言って和田の車を通した。[12]

# アメリカ海軍工廠上空

ホノルル
一九四一年一二月七日

江草隆繁《えぐさたかしげ》少佐は、帝国海軍一の急降下爆撃機乗りと評される人物で、彼の部下は精鋭揃いと聞こえが高い。今日の彼らの任務は、ハワイのアメリカ軍の主戦力を壊滅させることにある。真珠湾への第二波空襲に加わった一六七機のうち、七八機が急降下爆撃機、残りが高高度水平爆撃機である。今回は、雷撃機の出撃はない。急降下爆撃機は、甲板装甲が施され二五〇キロの爆弾に耐えられる戦艦にはほとんど役に立たない。これが航空母艦相手なら、その広い飛行甲板を撃ち抜く最良の武器となるのだが。

空母がいない以上、急降下爆撃のターゲットは巡洋艦である。江草は標的を求め、一〇機を引き連れて米海軍工廠上空へ向かった。低層の雲が広がっていて、目標を見定めることが困難だ。空には黒煙も充満しているうえに、予想に反して高射砲の弾幕が厚く、目的地点への接近は危険極まりない。

江草はようやく、四六〇〇メートル下に優先目標と定めた重巡洋艦〈ニューオーリンズ〉のシルエットを確認した。機体を急角度に前傾させ、巡洋艦めがけて降下開始。高度六〇〇メートルで爆弾を投下し、強力な重力に押しつぶされそうになりながら機体を引き起こして離脱する。爆弾は水中で爆発し、失敗を示す白い水柱が吹き上がった。ようやくここまで来たのに、ターゲットを外してしまった。

その後も工廠への爆撃を繰り返したが、成果は振るわず。一〇機のうち命中させられたのは、第一波の雷撃ですでに損傷していた巡洋艦〈ローリー〉ただ一隻である。それ以外には、真珠湾を離れようとゆっくり航行していた戦艦〈ネバダ〉が、十数回におよぶ急降下爆撃の標的となった。〈ネバダ〉は、六発被弾し炎上しながらも沈まず持ち堪えたが、自ら座礁してその勇敢な航行を終わらせている（湾口で撃沈され狭い水路を塞いでしまうのを避けるため、水路手前で自力座礁し、沈没と湾口閉塞を回避した）。

江草は無念のうちに空母へ帰投した。米側の対空砲火で一四機の急降下爆撃機が撃墜され、その代償が、このような情けない戦果である。おそらく日本軍のパイロットたちは敵に与えた損害を誇張して話すのだろうが、実際には急降下爆撃の命中率は二割程度と惨憺たるもので、そのほとんどが動かないターゲットに対してだった。

真珠湾攻撃の第二波は、午前九時五五分に終了した。第三波攻撃は行われず、南雲中将は重油タンクの貯蔵施設や修理施設を無傷で残していった。これを聞いた山本長官は、絶好の機会を逃したことに激怒したという。軍艦に壊滅的な被害を与えられたとしても、軍港自体はすぐに回復するだろう。

オアフ島のあちこちで火災が起きている。真珠湾の海軍基地では、五隻の戦艦を含む一八隻の艦艇が沈没、あるいは座礁した。転覆した艦艇では、空気溜まり《エアポケット》に瀕死の兵士たちが閉じ込められており、必死の救助活動が行われている。レスキュー隊が甲板を切り開いて助けようとするが、そうしている間にも、溺れゆく人のもがく音が聞こえてくる。ほどなくして、レスキュー隊は、船倉に空気を送り込んで船体を浮かせながら救助を行う方法を思いつく。

日本軍の航空部隊は島一帯に殺戮の痕を残した。急降下爆撃機はウィーラー飛行場に来襲し、整然と並ぶ一二〇機の戦闘機を発見。P–40の半数近くが破壊され、格納庫も大打撃を受けた。ここでの死者は三三人、負傷者は七三人にのぼる。空襲はヒッカム飛行場に屋外駐機してあった航空機にもおよんだ。B–17が五機、B–18が七機、A–20が二機爆破され、ほかにも一九機の航空機が破損している。第一波と第二波の攻撃で、カネオヘ海軍航空隊基地に三三機あったPBY水上機のうち二七機が失われ、ベロウズ飛行場ではB–17数機が爆撃や機銃掃射を受けた。

一時間一五分ほどのあいだに、二四〇三人のアメリカ人の命が奪われ、一一四三人が負傷した。死者のうち、およそ五〇人は民間人で、その多くは防衛側が発射した五インチ対空砲の誤射によるものである。

第一波攻撃の被害者救助に出動した消防隊員やボランティア活動員が、第二波に巻き込まれて死亡するケースもあった。日本軍機はホノルルのジョン・ロジャース空港（現カラエロア空港）も襲撃しており、一人が死亡、パイパーJ–3カブ・プロペラ機で朝の遊覧飛行を楽しんでいた二人が撃ち落とされ重傷を負った。

発　南雲中将
宛　真珠湾攻撃部隊
一九四一年一二月七日

諸君らの目覚ましい働きにより、我が国は輝かしい成功を収めた。しかし、我々の戦いは始まったばかりである。こののちは、我々は勝って兜の緒を締め、本願達成せしめるまで戦い抜くという決意のもと、前進するのみである。

## アレクサンダー・ヤング・ホテル

ホノルル
一九四一年一二月七日

ダグラス和田は、友人たちをカマ・レーンで降ろすと、ヘレンと話をするために家に駆け込んだ。ヘレンは夫に、電話が鳴りっぱなしだったこと、そして、すぐにオフィスに来なければ警察をよこすと和田の職場の誰かから言われたことを告げた。

食事をする暇はない。とりあえず釣りの格好から制服に着替えて、妻を抱きしめてからダウンタウンへ車を飛ばした。和田がアレクサンダー・ヤング・ホテルのオフィスにたどり着いたのは、正午少し前だった。日本軍が政府関連ビルを攻撃しに戻って来ないよう祈るしかない。いやそれよりも、軍艦が上陸用舟艇を放ち、ここを占領しに来ないことを願うばかりだ。

ダウンタウンは今、蜂の巣をつついたような状態である。アレクサンダー・ヤング・ホテルを慌ただしく出入りする人々の顔には、混乱と、やり場のない怒りが現れていた。宿泊客もオフィス職員も、誰もがそれぞれに、しかし似通った衝撃や悲嘆の表情を浮かべている。しかし、それらはすぐに、海軍基地から立ち昇る巨大な黒煙を目にして、険しさに変わるのだ。

上官は相当イラついているに違いない。和田は覚悟を決めて、建物の中へ入った。案の定、六階に足を踏み入れるや否やメイフィールド大佐の怒鳴り声が飛んできた。「いったいどこに行っていやがったんだ⁉　逮捕命令を出すところだったぞ」

「釣りです」和田は短く答えた。「日曜は休みですから」

メイフィールドは頭《かぶり》を振りながら「制服に着替えて来ただけマシだな。しかし、我々は当分のあいだ、ここに缶詰だぞ」と言う。「覚悟しておけよ。お前には、じきに仕事が山ほど来るからな。それから、和田——釣りの邪魔をして悪かったな」[13]

## 連邦政府庁舎《フェデラル・ビルディング》

ホノルル
一九四一年一二月七日

ジロー岩井は、二階の会議室に集まったほかの男たちの視線を気に留めないよう努めている。ほとんどの人は彼を知っているが、中にはそうでない者もいて、彼らは陸軍情報部員とGメンが集うこの部屋に日系アメリカ人がただ一人混ざっていることに、信じられないといった表情だ。

指揮はシヴァーズ特別捜査官が執っている。陸軍当局は、四人の司令官（および九人の軍団司令官）に対し、FBIと協力して要逮捕者リストに載っている全員を一斉に拘束するよう命じた。FBIのシヴァーズ、陸軍のビックネル、そしてホノルル警察のジョン・バーンズ署長代理は、ファイルを前にテーブルを囲み、誰を逮捕すべきかの最終決断を下そうとしていた。個人的な友人知人は最後の最後に除外することに決めたが、それでもまだ、逮捕予定者の数は四〇〇人以上にのぼる。

逮捕者の運命を決める会議は、すでに数時間も続いている。第二波攻撃の直後、ショート中将はイオラニ宮殿を訪れて、ハワイ準州知事のジョセフ・ポインデクスターに戒厳令を宣言するよう求めた。知事は、ローズヴェルト大統領に電話で指示を仰ぎ、ショートの提案に従うよう助言されたため、そうすることにした。これで地元軍当局は、トーマス・グリーン中佐が事前に策定した規則を基に、正当な理由がなくともアメリカ市民を逮捕できるようになる。

フーヴァーFBI長官は各支局に電報を打った。

［至急。カテゴリーA、B、Cに分類された日系人全員を直ちに拘束せよ］

午後二時になる少し前、シヴァーズは逮捕執行を承認するショートからの書簡を受け取る。その頃には、ローズヴェルト大統領が「大統領布告二五二五号」に署名しており、合衆国全州および準州に居住しアメリカ国籍を有さない日本国籍者を「敵性外国人」に分類し、逮捕の対象とすることを宣言していた。一部ではすでに逮捕者が出ているが、戒厳令の下では、逮捕執行に対する最終的な許可は陸軍から得なければならない。

ホノルル全域で、FBI捜査官、軍情報部員、地元警察官たちが拘留者を集め、ホノルルの移民局へ引き渡し始めた。この日、米国籍保有者も移民も含めて五〇〇人近いハワイ住民が、武装を伴う監視下に置かれた。その内訳は、日本人移民三四五人、日系アメリカ人二二人、ドイツ国籍者七四人、ドイツ系アメリカ人一九人、イタリア国籍者一一人、イタリア系アメリカ人二人である。

リチャード事代堂やジョン三上を含め、ほぼすべての領事館職員やボランティアスタッフが逮捕された（拘束された二〇〇人以上のうち、実際にスパイ幇助で有罪になったのは事代堂と三上の二名だけである）。また、日本語学校の教師や、神社仏閣の宗教指導者も拘留されている。主要な日系市民団体のメンバーは、車に押し込まれ、家族から遠く引き離されてしまった。

拘束された人々は、武装した警備隊によって、ホノルル港近くの準州政府庁舎に隣接する移民局に連行された。暗く狭い留置所に突然放り込まれて、信じられない気持ちと屈辱に苛まれたことだろう。彼らは、それまでホノルルに貢献してきた商人や住職、宮司、教師、社会活動家たちである。それが今、一網打尽にされ、本当の犯罪者ほどの権利すら与えられないでいるのだ。

## アレクサンダー・ヤング・ホテル

**ホノルル**
**一九四一年一二月七日**

もうすぐ真夜中になるが、第一四管区情報局の職員はまだ誰も家に帰れない。和田の一日は、現場に出て事件を追うより、無数の捜査を可能にするために費やされていた。書類が届き、それを翻訳し、また次の書類を待つ。いや、待ちくたびれている。建物の外で繰り広げられている悲劇について議論する書類の作成には時間がかかり、その間和田にできることは特になく、暇を持て余していた。

管区情報局の同僚のテッド・エマニュエルが急に元気を取り戻して、和田に言う。「おい、ダグ。街の様子を見に、夜ドライブに行かないか？」

和田は、どうしようかと考えてみる。街は今、どんな状態かわからない。侵攻や再攻撃の危険性も拭いきれない。オアフ島全体に恐怖心が広がり、人々は疑心暗鬼に陥っている。これまでに、一般車が救急隊の出動を妨害しているとか、駐車車両が道路を塞いでいる、さらには軍人に対する突然の発砲があったとか、第五列の行為だとする報告が管区情報局に複数寄せられているが、いずれも事実確認は取れていない。しかし、今の和田のように海軍の制服を着ていたとしても、混乱を招く可能性がある。

今後、これ以上の惨事も起こり得ると予想されており、それに関しては和田自身も同意見だった。陸軍は日本軍の侵攻に備えて、第二四師団をノースショアに、第二五師団をホノルルに配備して警戒にあたらせている。警備兵たちはちょっとした物影にも飛びかかり、防空隊はレーダーがわずかに反応しただけで対空砲を打ち上げている。そのおかげで、着陸しようとした陸軍や海軍の航空機が五インチ砲の〝お出迎え〟を受けるといったことも起きており、和田は本土からオアフ島に飛来したB-17が撃ち落とされ数人の搭乗員が絶命したという噂も耳にした。[14]

しかしながら、これほどのリスクがあると分かっていても、待ち時間の退屈さが上まわってしまった。それに、何かしら行動していれば、この危機に家族と離れていることへの不安も紛れるだろう。何より、ここから数ブロックと離れていない場所で、悲惨な歴史が刻まれたのだ。和田は、その目撃者となり、これから訪れる苦難の時を乗り切る決意を固めたいと思った。[15]

「わかった」和田が答える。

海軍情報将校の二人組はジープに乗り込み、市街地を走らせながら救護活動の様子を見られる場所を探した。「こんな攻撃を仕掛けるなんて、日本軍は何を考えているんだろうな？」道すがらエマニュエルが問いかける。

「自分たちが負けることを知らないのさ」と和田は答えた。「今はまだ、な」

艦艇のバースの端に差しかかったところで、埠頭の反対側に数人の警備兵の輪郭が見えた。海軍の制服を着ていて正解だったな、と和田は思う。「彼らにこっちの姿が見えると思うか？」

「どうだろう。もし見えるなら、こちらがジープに乗っていることがわかるはずだが」

「どうかな」和田がそう答えたとき、その警備兵とおぼしきシルエットが自動小銃らしきものを構えるのが見えた。「まずい、行くぞ！」

カシャリという音に、エマニュエルは飛び上がった。急いでジープのハンドルを切り、埠頭から猛スピードで遠ざかる。背後で自動小銃の銃口が瞬いた。「くそっ、あの野郎ども」和田が叫ぶ。震える両手にアドレナリンがどっと流れるのを感じる。

「何も言わずにぶっ放しやがって」エマニュエルは怒りをあらわにした。

「もういい、ここを離れるぞ。ホテルに戻ろう[16]」

## ベロウズ・フィールド・ビーチ

### ホノルル
### 一九四一年一二月八日

陸軍のジープが砂浜で止まり、雲の切れ間を縫って差し込む朝の光の中に、二人の兵士が素早く降り立った。一人はM1ガーランドを肩に掛け、もう一人は四五口径のコルト・ガバメントを手にしている。どちらも弾は装塡済みだ。

ハワイ準州兵デヴィッド阿久井《あくい》伍長は、彼の中隊が露営しているベロウズ・フィールド（ベロウズ空港）の近くのビーチ一帯を見渡している。彼らは、波打ち際に妙な形のものが浮かんでいるという通報を受けて調査に来た。敵の上陸用舟艇か潜水艇の可能性がある。もしそうならば、さらなるパニックを引き起こす。

阿久井はこの島をよく知っている。年は二一歳、ハワイ生まれの日系二世で、州兵組織全体が連邦軍に編入される前の一九四〇年に入隊した。現在は、第二九八歩兵連隊の重火器小隊に配属されている。ハワイにいるほかの三五〇人の二世州兵と同様に、彼も日曜の朝の攻撃のあと、任務に就いた。彼が所属するG中隊のキャンプは、焼け焦げた航空機が散乱し穴だらけの格納庫が並ぶベロウズ飛行場の滑走路の端にある。

自動小銃を持っているのは、G中隊長のポール・プライボン中尉だ。ミシシッピー州グリーンウッド出身で、名字（Plybon）を文字って「プレイボーイ（Playboy）」とあだ名されている。昨日の空襲のときに基地にいた彼は、ベロウズへ帰投する非武装のB-17が日本軍の戦闘機に伏撃されるのを為す術もなく見ていた。基地が機銃掃射を受けた際、機銃を撃つ敵パイロットがプライボンの真上を飛んでいったという。「奴らみんな、ニヤニヤ笑っていやがった」と、のちにプライボンは怒りを滲ませている。「飛び去る前に、手まで振っていったんだ[17]」

二人は波打ち際に目を凝らし、何か不審なものがないか探した。潜水艇らしきものは見当たらない。しかし、水際に横たわる妙な影を見つけ、どうやら死体らしいとわかってギョッとした。暗い気持ちで近づいていくと、裸の日本人男性の姿が浮かび上がってきた。首に紐が巻き付いていて、ストップウォッチがぶら下がっている。

〝死体〟がかすかに動いた。二人が武器を構える。ぼろぼろになって浜辺に転がっているその男は、目を開き、頭上で拳銃を構えて立つ阿久井を見るなり激しく震え出した。「アイム・コールド」男は片言の英語で言った。

日本の特殊潜航艇〈甲標的〉の艇長、酒巻和男は、この瞬間、第二次世界大戦におけるアメリカ初の戦争捕虜《POW》となった。[18]

## イオラニ宮殿

**ホノルル**
**一九四一年一二月八日**

イオラニ宮殿は、一九八三年までハワイの王や王妃の住む王宮だった。その後は暫定政府の政庁だった時代を経て、準州政府の庁舎として使われている。地元支持者たちの意向が通れば、いずれは州会議事堂になるかもしれない。この華麗な建物に行政が置かれているということが発するメッセージは、長い時を経ても変わっていない。この島の責任者がここに住んでいる、ということだ。

したがって、ハワイ軍管区の法務官であるトーマス・グリーン中佐が真珠湾攻撃の翌日にこのイオラニ宮殿に越してきたのは、至極合点のいくことだ。軍政を統制する規則を書いた張本人が、戒厳令の実行を指揮するのである。

午後一二時三〇分、グリーンは上下両院合同会議でのローズヴェルト大統領の演説を聞くため、ラジオをつけた。

副大統領、議長、上院議員ならびに下院議員諸君。

昨日、一九四一年一二月七日――この日付は将来、屈辱の日として記憶されるだろう――アメリカ合衆国は、大日本帝国の海軍および空軍による計画的な奇襲攻撃を受けた。

アメリカは、これまで日本とは平和的な関係にあった。また同国からの強い要請を受けて、太平洋における平和維持に向けた対話を、同国の政府および天皇と続けていたところである。やはり、というべきか、日本の航空部隊が我が国の領土であるオアフ島への爆撃を開始した一時間後に、駐米大使とその同僚が、最近アメリカ側が送った書簡に対する公式回答を、我が国の国務長官のもとに届けにきた。この回答には、現在の外交交渉を継続するのは無益と思われるという趣旨が綴られていたものの、戦争や武力攻撃の威迫や仄めかしは含まれていなかった。

日本からハワイまでの距離を考えれば、この攻撃が何日も、あるいは何週間も前に綿密に計画されたものであることは明らかであると、記録しておくべきである。その間も、日本政府は、両国間の持続的平和を望むとする虚偽の声明や表現をもって、我が国を故意に欺こうとしていた。

昨日のハワイ諸島への攻撃は、アメリカ海陸軍力に甚大なる損害を与えた。残念ながら、極めて多くのアメリカ市民の命が奪われたことを報告せねばならない。加えて、サンフランシスコとホノルルのあいだの公海にて、我が国の艦船が魚雷攻撃を受けたとも伝えられている。

昨日、日本政府はマラヤに対しても攻撃を開始した。

昨夜、日本軍は香港を攻撃した。

昨夜、日本軍はグアムを攻撃した。

昨夜、日本軍はフィリピン諸島を攻撃した。

そして今朝、日本軍はミッドウェー島を攻撃した。

つまり日本は、太平洋全域にわたり奇襲攻撃を行ったのである。昨日と今日に見る事実が、すべてを物語っている。アメリカ国民はすでに意志を固めており、我が国の存在そのものと安全保障にもたらされる影響を十分に理解している。

私は、陸海軍の最高司令官として、我が国の防衛のためにあらゆる手段を講じるよう指示を出した。だが、我々全国民は、我々に対してなされた攻撃がいかなる性質のものだったかを、決して忘れはしないだろう。

この計画的な侵略を克服するのにどれほどの時間がかかろうとも、アメリカ国民は正義の力をもって、絶対的な勝利を手にするまで勝ち抜くのである。

私は、我々が自己防衛のために最大限の努力をするのみならず、このような裏切り行為が二度と我々を脅かさないよう十分な措置を取ると断言する。そしてこの主張が、議会と国民の意志を反映するものだと確信している。

戦争行為は存在する。我々の国民、我々の領土、そして我々の利益が重大な危険にさらされているという事実を見過ごすことはできない。

我が国の軍隊を信頼し――我が国民の不屈の決意をもって――我々は必然的な勝利を手にいれるのである――神に誓って、必ず。

一九四一年一二月七日、日曜日、日本による一方的で卑劣な攻撃が行われたことにより、アメリカ合衆国と大日本帝国は戦争状態に突入した。私は議会に対し、これを宣言するよう要請する。

グリーンはラジオのスイッチを切った。自分自身が置かれた立場の現実が、プレッシャーとなって波のように押し寄せてくる。戦争が正式に宣言された今、ハワイの戒厳令は恒久的なものになると思われる。これからは、陸軍が〝すべて〟を統制しなければならない。全民間人に身元の登録と指紋採取を義務付ける。報道媒体、長距離電話、すべての民間郵便物を検閲するための人手も必要だ。陸軍は酒類販売の禁止を取り締まらねばならない。すべきことが山のようにある。緊急医療施設は陸軍の直接管理下に置く。それには、日本人慈善病院も含まれている。陸軍は、真珠湾が攻撃された直後から、同病院の施設の半分以上を管理下に収めている。昨日は、ホノルルの日系人連合協会に属する、緊急医療対応訓練を受けた八〇〇名近いボランティアの人たちが、看護訓練校の卒業式から負傷者の手当てに直行した。

グリーンが直面する課題の中で最も厄介なのが、きちんと機能する司法制度を構築することである。民事制度を一夜で軍事法廷に置き換えるのは容易なことではない。彼の仕事を妨げるものがないことが救いである。「人身保護令状」（他者を不当に拘禁している者に対し、その身柄を裁判所に提出するよう命じる令状。被拘禁者を解放する機能を果たす）の発付は停止されたままになり、捜査に令状は必要なく、告訴状さえ任意である。軍事法廷での裁きとは、過去の工程をそのまま繰り返すに過ぎず、裁判官が一人いるだけで、判決は逮捕と同日に下すよう求められている。

日系ハワイ市民には特に厳しい制限が課せられた。グループの集まりは最大一〇人までとされ、夜間の灯火管制時の外出は禁止。違反者は逮捕される。銃火器、懐中電灯、携帯ラジオ、カメラはすべて提出するよう、日系コミュニティ全体に命令が下った。

カラマ・ビーチの自宅にいたオットー・キューンは、玄関のドアを叩く音を聞き、全身の血が凍りついた。憲兵隊がオットー、フリーデル、ハンス・ヨアキム、スージーを引っ立て、乱暴にトラックへ押し込む。一家は全員、ホノルル移民局の拘置所へ連行され、独房へ入れられた。ハワイにいるドイツ人、という罪で拘留されたのである。

## アレクサンダー・ヤング・ホテル

ホノルル
一九四一年一二月八日

陸軍の毛布にくるまれ、二人の衛兵に挟まれたこの日本の青年に、六階にいる全員の視線が注がれている。海軍情報局の局員たちは、彼らの街を攻撃した敵を、今初めて間近で見るのだ。囚人は靴を履いておらず、裸足のままだった。ダグラス和田は、この男が毛布の下で裸であることに気づいた。

「あの顔、見てみろよ」とジロー岩井が言う。捕虜はまだ若く、見た感じよく鍛えられた体をしているが、軍人らしく刈り上げた黒髪の下の顔には虚ろな表情を浮かべており、まるで幽霊のようである。肉体的には健康そうだが、精神的なトラウマを抱えて心が打ち砕かれてしまったか。しかし、だからと言って同情する気にはなれない、と和田は思った。今日彼は、ホノルルのたくさんの人の目の奥に、同じような痛みを見ている。

今回、昨日真珠湾を攻撃し沈没した日本の潜水艇の生存者の尋問に、岩井が呼び出された。捕虜が取調室に連れて行かれ、ドアが閉められると、六階がまた慌ただしく動き始めた。情報員たちは、スパイ網を解明しこの島を守るため、前日に入手した大量の情報から手掛かりを追っている。

メイフィールド大佐が手を振って二人を呼んでいる。大佐の元へ歩いていくあいだ、自分たちを追うオフィス中の視線にプレッシャーを感じずにはいられない。「名前を明かそうとしないんだが、岸まで泳いだと言っている。おそらくベロウズ・フィールド沖のどこかからだろう」メイフィールドが説明する。「フォート・シャフターへ来てからは英語を話さなくなったが、彼を捕まえた州兵たちは、少し話せると言っている」

メイフィールドは二人に、ストラップが付いたストップウォッチを見せた。「発見されたときは裸で、身に付けていたのはこれだけだったらしい」

和田はストップウォッチを手に取り、近くで見てみた。〇二〇一で止まっていて、ガラスの中に水滴が溜まっている。ひっくり返すと、後ろに日本語で文字が刻まれていた。

「〝時計一型　海・No.２９６〟」和田は声に出して読み、メイフィールド司令官を見た。「帝国海軍のものです」

「君たち二人には、この男から話を聞き出してもらいたい。今のところ、自決する覚悟ができているとしか言わないんだ」メイフィールドは困惑していた。「どこから来たのか、ほかにも誰か我々が警戒すべき者がいるのか、知る必要がある。まずは日本語で話をさせて、本当に英語が話せるようならこちらへ引き渡せ」メイフィールドはそう言うと、少し間を置いてから「君たちは、この戦争で最初のPOWの尋問を担当することになる。心してかかれよ」と檄を飛ばした。

「イエッサー！」二人は短く敬礼し、半ば呆然としたまま捕虜の待つ部屋へ歩いた。和田は、かつてバッターボックスに立ったときにそうであったように、目の前の使命以外のことをシャットアウトして精神が集中しているのを感じている。和田と岩井は深呼吸をしてから、ドアを開けた。

毛布の中で肩を丸めて項垂れている男の姿が、哀れに見える。軍情報部の二人は、敬意を払いつつ、日本流に自己紹介をした。捕虜は、彼らと目線を合わせようとしない。自分を恥じる気持ちが体全体から発せられていたが、二人からの丁寧なアプローチにほだされて口を開き始めた。[19]

捕虜は自分の素性を明かした。名は酒巻和男、階級は少尉、二三歳、岡山県出身で、海軍兵学校を卒業している。ここまでは、まずまずだ。彼が本当はどれだけ協力的なのか、これからわかってくる。海軍情報局のベストプラクティスに則って、メモは取らず、ただ話をする。[20]

「少尉、あなたがハワイの砂浜に裸で打ち上げられるまでに、あなたの身にどんな大変なことが起きたのか、お訊きしたいのです」

酒巻は淡々と、無感情に答え始めた。「私は小型潜航艇の艇長で、沖合で座礁しました。岸に向かって泳ぎましたが、同乗の艇附を波間に見失いました。私は航海士ですが、コンパスが壊れていたのです。真珠湾に入ることができず、珊瑚礁に衝突するのも避けられませんでした」

「二人乗りの潜水艇とは、考えたものだなあ。あの小さな筒で、どれくらいの距離を航行したのですか？」

冷めた目をした酒巻の口元が引きつった。

「一〇〇マイルは行けんでしょうなあ」岩井が仕掛ける。

「一〇〇マイル以上行きましたよ」酒巻が吐き捨てるように答えた。

「ディーゼルエンジンで？」

酒巻は握っていた手のひらを開いて、黙ったままだ。すべてを話そうとは思わない。彼らが自分から情報を引き出そうとしているのはわかっている。このまま会話は続けるが、自分を運んできた母艦については、そのトン数さえ語るつもりはない。酒巻は緊張のあまり、鬱状態になりかけているように見えた。

「少尉」和田が解きほぐそうと試みる。「あなたは、国家のために立派な働きをしました。私たちは、あなたが昨日成し遂げた成功について、あなたがたの軍隊に称賛を送るべきでしょう」

二人の情報部員は、顔を上げた酒巻の目にプライドではなく怒りを見た。「あんなものは、私たちが描いていた成功ではない！」

「あなたがたは、アメリカの全陸海軍の意表を突いたのですよ」岩井は純粋に驚いて、尋ねてみる。「どんな成功を描いていたと？」

「我々が期待していたのは……我々に求められていたのは、米軍に致命的な打撃を与えることだ」酒巻が答えた。「だが、そうできなかった。私はできなかった。そして今、こうして生き恥を晒している。お願いです、私が生き延びたことを日本政府に知らせないでください。どうか、自決させてください」

「理解できませんね、なぜ失敗したと思うのです？」この男の宿命論的な思考と砕かれた自尊心を利用するのが一番のようだと、岩井は思った。

「私たちは、真珠湾攻撃が行われているあいだに湾内に入ることができなかった。そしてついに主力艦を攻撃するチャンスを得たとき、何も見えず、魚雷の照準を合わせることすらできなかった」酒巻は、自分の話に耳を傾ける人を初めて得て、昨日の体験を話し始めた。「目視で確認するしかないと思い、セイルのハッチを開けました。でも海が荒れていて、艇内に海水が流れ込んで、エンジンをやられてしまったのです。煙が充満して、息ができないほどでした。[21]

「為す術もないまま艇は制御不能に陥って、再びリーフに乗り上げてしまった。私は潜航艇を爆沈させるために艇内に爆薬を仕掛けて、それから二人とも服を脱いで荒波の海に飛び込んだのです。彼とはそれっきりです」

酒巻は話すのを止めた。どこかをぼんやりと見つめている。

「あなたのほかに、搭乗員は一人だけでしたか？」和田が促す。

酒巻は無言で頷いた。「稲垣清兵曹。溺れて死んだのだと思います」

「でも、潜水艇を自沈させることはできたのですか？」

「爆薬は爆発しませんでした。おそらく、まだあの場所にあると思います」酒巻は辛そうに言ったが、こう付け加える。「中には書類も何もありません。本当に、ただの二人乗りの魚雷なんです」

「浜辺にたどり着いて、どうなりました?」

「疲れ果てて、溺れかけていました。目を開けたら、兵士が拳銃を構えて立っていたのです。その瞬間、私は自決できずに国家の恥晒しになったのだと知りました。浜辺で私を見つけた兵士に、名誉の死を遂げさせてくれと頼んだのです」

和田が兵士たちの反応を尋ねた。「笑われました。捕まったのは私の最大の失敗です。こんな大失態は初めてだ」

「彼らとは英語で話しましたよね。過去に語学訓練を受けていたのでしょう。なぜですか?」

「英語は少ししか話せません。学校で勉強したのです。でも、途中で中国語のクラスに移りました」この学歴一つにしても、悲哀に満ちている。しかし、占領したら英語が必要になるような侵攻は計画されていないことが読み取れる。

「英語で話してみませんか?」岩井が促す。

しばらくすると、二人の海軍情報局職員が部屋に入ってきて、会話に割り込んできた。捕虜が話をするようになった。岩井と和田のお手柄である。海軍の公式報告書には、名前こそ出していないものの、「二人の有能な通訳者」が捕虜の口を開かせ長時間の尋問に応じさせるという難しい任務を見事成し遂げたと評している。[22]

取り調べが終わると、酒巻はアレクサンダー・ヤング・ホテルを出てフォート・シャフターの拘置所へ戻された。酒巻は、ホテルを去らなければいけないことを心底悲しんでいるようだった。第一四管区情報局局長のE・T・レイトンは、この日送った報告書に「この日本の将校が海軍の取調官から受けた待遇について、陸軍のそれに対してよりも感謝していたことは明らかである。適切に対応すれば、この将校からはさらに多くの情報を引き出せると思われる」[23]

酒巻の証言を元に、小型潜水艇と行方不明になっている搭乗員の捜索が行われた。そしてその日のうちに、どちらも息絶えて波打ち際に漂っているのが発見された（潜水艇は海軍機の爆撃を受け、その弾みで珊瑚礁から離礁して浜辺に打ち上げられた）。〈甲標的〉の中で発見された書類は、和田と岩井が待つアレクサンダー・ヤング・ホテルへ送られ、解読作業が進められた。

1941年12月8日（ハワイ時間）に浜辺に打ち上げられた酒巻の特殊潜航艇〈甲標的〉
写真はNaval History and Heritage Command提供。

発見された少量の押収物の中に、ぼろぼろになった航海図があり、真珠湾への潜入に最良の航路が記されている。航海スケジュール、ランドマーク（陸標）、米海軍軍艦の停泊位置などが書き込まれていた。また、島の沿岸全域の防衛状況を示す図もある。

この航海図にはつい数日前に湾外へ出ていった空母が記載されていないことから、情報が最新のものに更新されていることがわかる。「潜水艇の航海日程を割り出してみましょう」と和田が言う。航海図に書き込まれた情報をもとに計算した結果、酒巻が彼らの諜報員から最後の報告を受け取ったのが一二月五日であることが判明した。

和田と岩井は今、日本海軍の奇襲攻撃を可能にしたスパイ活動の実態に、アメリカ国内で最初に気付いた一握りの人間に名を連ねることになったのである。そして、それはすなわち、アメリカの情報コミュニティが防諜に失敗したことを意味した。

「なんてこった、奴ら、正確な情報を手に入れている」岩井が唸った。

「かなり腕の立つスパイの仕事ですね」和田が冷ややかに答える。[24]

「プロだな」岩井が頷いた。「それに、きっと情報は領事館から直接来ている」

## 連邦政府庁舎《フェデラル・ビルディング》

### ホノルル

## 一九四一年一二月九日

ダグラス和田はジロー岩井の横に立ち、目の前のテーブルの上を埋め尽くす書類の山を見下ろしている。日本総領事館から押収されたものだ。取調室には、さらに多くの書類が入ったゴミ袋がいくつも置かれている。

「コレのために私を呼んだんですか?」和田が恨めしそうに岩井を見た。

岩井が肩をすくめる。「ほかに何があるって言うんだ?」

和田は思わず笑ってしまった。事実、日本に住んだことのない岩井にとって、馴染みのない言葉や言い回しが多々あるため、和田の存在は大きな助けになる。[25]

書類の一袋は今こうしてテーブルの上に広げられているわけだが、細かく千切られた紙が大きな鳥の巣のようである。「領事館の連中は、これだけの書類をすべて破り捨てる暇があったようですね」

「燃やす暇もな」と岩井。「警察がこちらに来ると連絡してきたとき、コレについては何も知らせてこなかったんだ」

「こっちのは、おそらく総領事の金庫をこじ開けて持ってきたんだろう」岩井は残された電報の束に目をやりながら言った。文が五文字ずつ、一〇節に分割されている。どの言語でも意味が通じない。「暗号解析に回さないといけないな」

「で、私たちはこれから、残りのコレをつなぎ合わせなくちゃいけないわけですね」和田はチリヂリに寸断された書類の山を見て、絶望的な気持ちになっている。二人は紙切れを二つの山に分けた。一方の山には、解読の見込みが少しはある大きめの断片を集めている。しかしこれらはみな、非常に念入りに裁断された上に袋の中でよく混ぜられているので、残りは解読不可能と思われる。

時間をかけていくつかの袋から拾い出した断片をジグソーパズルのように並べてみるのだが、どの部分もまったくつながらない。「これはきっと、無理だな」岩井がとうとう匙を投げた。

しかし和田は「大きめの断片をいくらか、持ち帰ってみますよ」と言って、テーブルの上から可能性のありそうなものを抜き出した。「メイフィールド大佐に、あなたが私をどんな大変なことに巻き込んでいるのか、教えてあげます[26]」

## カマ・レーン

ホノルル
一九四一年一二月一〇日

和田は、三日間ずっとオフィスに詰めて仕事をしていたが、日本軍が侵略してくる気配はないことから、いったん帰宅を許された。帰れることになってホッとしたものの、同時に心配が押し寄せてくる。ヘレンはきっと、怖い思いをしていることだろう。ある朝夫が当局から電話で呼び出されたまま、数日間何の音沙汰もないのだ。混乱しているに違いない。

和田は自宅の前まで来て車を停めようとしたが、突然の衝動に駆られて車を路地の突き当たりまで走らせた。そこには両親の家と金刀比羅神社がある。実家には灯りがついている。よかった、みんな無事のようだ。ほかの宮大工たちは、逮捕者リストに名前が載っていた。しかし、和田はシヴァーズが父親を捕まえないことを知っていた。知ってはいたが、実家の灯りで再確認できて安堵した。[27]

でも、神社の門は閉まっていて、灯りもなく真っ暗だ。明日の朝になれば、七日の襲撃で負傷した人たちに贈る手縫いの病院用スリッパを届けに、コミュニティの人たちがここに集まって来るだろう。それでも、金刀比羅神社が開門することはない。ダグラスとヘレンの婚儀を執り行った磯部節宮司は、拘置所へ送られてしまったのだ。[28]

## 第六章 ゴーストハント

### アレクサンダー・ヤング・ホテル

ホノルル
一九四一年一二月一一日

早朝、アーヴィング・メイフィールドは、真珠湾攻撃前に喜多総領事が交わした電報を読んでいる。あの空襲が起きる以前にRCA社からメイフィールドに届けられ、ハイポの暗号解読者に解読を依頼したものが、今日、彼の元に戻ってきたのだ。今となっては、もう何の役にも立たない。

「阻塞気球の係留装置を設置した様子も、それを行う部隊を選出した様子もない。また、気球の整備訓練も行われていないようである[1]」

「今更……」

今朝のコーヒーは特に苦く感じる。彼のオフィスは、スパイ網の摘発につながったかもしれない手がかりを、真珠湾攻撃の三日前につかんでいたのだ。

特に見過ごすべきではなかった電文が三つある。一二月四日、領事館は艦艇の詳細な動きを東京に打電し、その日のうちに、さらに詳しい情報を翌日までに送るようにという返電を得ていた。喜多と彼のスパイたちは、真珠湾内に停泊していた米艦隊の詳しい情報を、一二月五日付で送信している。[2] 日本の攻撃部隊は、領事館お抱えのスパイたちのおかげで、最新の情報を武器にハワイへやって来たのだ。

もう一つ、興味深い発見があった。一二月三日に東京から送られた電報に、アメリカ海軍の軍艦の動きを伝えるための一風変わった信号システムが記されている。この秘密のシステムは、カマラ・ビーチとラニカイ・ビーチにある二軒の家に燈す灯り、ヨットの帆、新聞の広告欄などを利用するもので、スパイたちの潜伏先の手がかりとなる詳細情報が多数含まれている。[3]

これは、領事館という制約の外で行動する活発なスパイ網があった証拠であり、観光客が撮るような写真を集めるだけの怪しげな外交官などよりも、ずっと狡猾なスパイ活動が行われていたことがわかる。領事館と外部スパイとの、とんでもない協同作業だ。

一二月一一日の午前中、ＦＢＩ、陸軍、海軍情報局のトップたち——シヴァーズ特別捜査官、ジョージ・ビックネル陸軍中佐、そして海軍のメイフィールドというお馴染みの顔ぶれだが——は、これらの電文から得た情報にどう協調し対応していくかを話し合うために集まった。その結果、FBIは捜査員を二名、カラマ・ビーチに派遣し、日本からの電文に記されていたドーマー窓のある家を特定させることになった。陸軍は、カラマとラニカイの両方のビーチの上陸可能地点に哨兵を置き、敵からの点滅信号などがないか海岸線や海上を見張らせる。

海軍は、ダグラス和田に命じて日本語新聞の広告欄に怪しい掲載を探させることにしたが、ほかの諜報員が街頭捜査を行うあいだ、和田はまるで砂漠の砂の中から砂金を見つけるような作業を強いられることになる。

地理的な情報をもとに、スパイの家の特定も進めている。海岸沿いには七〇軒の家があるが、砂浜を歩いて調査したところ、例の信号システムのなかで言及されていたものと一致する物干しロープがある家は二軒だけだった。どちらの家も所有者は、現在移民局の独房にいるドイツ人、オットー・キューンである。

海軍の諜報員たちは、一週間以上かけてラニカイ・ビーチを捜索し手がかりを探した。近隣に住む人たち一人ひとりに聞き込みをし、キューンの家を借りていた二人の海軍大尉にも話を聞いている（チャップマン大尉とスタビー大尉は、どちらもスコフィールドの病院に配属されており、家主とは連絡を取っていなかった）。誰も不審な光やヨットを見ていないという。事実、多くの地元住民が、当時の天候を考えれば、奇襲攻撃の前や最中にヨットが敵に信号を送れたとは思えないと話している。海がかなり荒れていたので、沖合に船が浮かんでいれば人の注意を引いたはずだと言うのだ。

あまり有り難くないことに、緊急用照明弾が上がった、謎の青い光を見た、海岸に焚き火があったなどという報告が複数入ってきて、ラニカイ捜査班を惑わせている。そうした通報はボランティアの海岸保護活動員、軍関係者、警察官などから寄せられたものだ。いずれも真偽は確認されていない。

一方、カラマ・ビーチでは、ＦＢＩ捜査官たちによるオットー・キューンの身辺調査が進展を見せていた。キューンの自宅前を車で通り、ドーマー窓があることも確認している。捜査員らは近隣への聞き込みを徹底させ、キューン一家の財政状況を調べ上げた。[4]

七日間におよぶ捜査の末、オットー・キューンとその家族は、完全に米防諜当局の獲物となった。

## 海軍省

**ワシントンＤＣ**
**一九四一年一二月五日**

海軍長官フランク・ノックスは、集まった報道陣を前に、慌ただしく過ぎたハワイ視察で知り得たことをこれから発表する。この先、真珠湾攻撃に関し連邦議会による調査が行われるのは明らかで、その前に自分の目で状況を確認しておきたかったのだ。

ノックスは報道陣に対し、ハワイ陸海軍の司令官らが日本軍の攻撃に対する準備を怠ったと言明。ハワイの当局者らに矛先が向いているうちは、そちらを非難しておけばいいと思ったのだ。ところが、記者たちが新聞の大見出しになると考えたのは、別のことだった。彼らは、現地協力者たちが担った役割について、ノックスに意見を求めたのだ。ノックスはそれに対し「おそらく、この戦争において第五列の活動が最も効果的に行われたのはハワイでしょう。ノルウェーを除けば、ですが」と答えている。[5]

このコメントもまた、害のある曖昧さである。オアフ島住民の多くが手を貸したとする第五列活動と、日本政府の人間による組織化された諜報活動とが一緒にされており、むしろわざとぼかして言っている。

ここでノルウェーを引き合いに出すのも、お笑いぐさだ。一九四〇年、ヴィドクン・クヴィスリング率いるファシズム政党は、ノルウェーの中枢を掌握したあと、デマを流し、軍事基地を占拠してドイツ国防軍の侵略を手引きした。つまり、ハワイとノルウェーとでは、状況がまるで違うのだ（自国ノルウェーへのドイツの侵攻を手助けしたクヴィスリングの名は、「売国奴」「第五列」の代名詞として知られている）。

ノックスが領事館のスパイ網のことだけを言っているのだとしたら、彼の言葉はあまりにも誇大表現である。一二月一八日付のカリフォルニア州サンマテオ版『タイムズ』紙は、数人のスパイグループのことを、まるで軍隊かのように報じている。

〈フランク・ノックス海軍長官がハワイから持ち帰った情報によると、同地の第五列は、我が国の航空隊がハワイ上空を哨戒するスケジュールや、陸海軍の駐屯地の位置を日本軍に知らせるなどして、真珠湾攻撃に重要な役割を担った〉

そのほかの西海岸の新聞は「第五列が攻撃を準備」とか「海軍長官は真珠湾空襲を可能にしたのは第五列と断言」といった虚偽で煽動的な見出しを掲げている。

第五列がこれほど騒がれているのも、ハワイに潜伏する喜多のスパイたちがアメリカの日系人全体の評判をおとしめてくれたおかげである。彼らの行為がもたらした影響は、長期的には、南雲機動部隊に提供された情報よりも遥かに大きなダメージを、アメリカに与えることになるだろう。

ノックスは、在米日系人全員を第五列扱いするような、十把《じっぱ》一絡《ひとから》げの発言を決して撤回しないと思われる。同様に、ローズヴェルト政権の幹部たちも、ノックスの態度を改めさせたり、日系人のアメリカへの忠誠を公に認めたりすることはしていない。

一二月八日以降、ハワイでの逮捕者数は徐々に増えている。一二月一六日までに五四三人にのぼり、その中には日本の精神を守り続ける一世コミュニティのリーダーたちも含まれていた。これに対し、二世たちは、ボランティア活動や忠誠心促進運動、そのほかの愛国心をアピールする活動を通して、汚名を返上しようと努めている。

戦争が始まる前に先見の明で組織された市民団体は、日系社会に対する疑心を取り除くために力を尽くしている。市民評議会のメンバーたちは、ＦＢＩのオフィスへ出向き「戦闘が勃発する以前の数カ月間に練り上げた計画を実行に移すため、協力を申し出た」シヴァーズが戦前に尽力していた地域社会との絆作りの取り組みが、報われようとしている。

日系人たちの運命は、新任のハワイ軍管区司令長官のデロス・エモンズ中将の手にほぼ委ねられた。前任のショート中将は、真珠湾攻撃から一〇日後に、司令長官の任を解かれている。中将としての階級は司令長官を務めるあいだの一時的なものだったため、元の少将に降格となった。ローズヴェルトは軍政総督に、名将を抜擢した。五四歳のエモンズは、陸軍で一、二を争う経験豊富な指揮官である。ウェストヴァージニア出身で、一九〇九年に合衆国陸軍士官学校を卒業し、陸から空の部隊へと転属するあいだに着実に階級も上げてきた。ショートの後任としてハワイに来る前の役職は、アメリカ陸軍航空軍の戦闘軍団長である。エモンズと、彼の部下で、新たに「軍政総督局執行官」という肩書きを得たグリーン大佐が戒厳令の仕組みを直接管理することになった。

今、エモンズは選択を迫られている。ハワイの展望は二つに分かれていて、それらの道は正反対に向かっている。国家存亡を懸けた戦いのために確保すべき潜在的反乱者の温床となるか、それとも、アメリカの礎である民主主義が戦時下のストレスにも耐えうる強さを持つことを証明する愛国者の源泉となるのか。

一二月一七日、司令長官に就任したエモンズは、ハワイの統治者として最初の演説を行った。

待望のイベントということで、ホノルルの全市民が聴けるようラジオで生中継される。

総督は、先の日本軍の攻撃に関する独自の初期調査は完了し、「我が国の軍隊への敵対行為に、ハワイのアメリカ市民や日系住民は一切関与していない」と報告した。エモンズは、本土からの要請に先駆けて、思い切った行動に出る。彼は民衆、ホノルルの街、そしてハワイ諸島全土に向けて、ハワイの日系アメリカ人を一斉収容したり強制退去させたりすることは考えていないと断言したのだ。

果たして、この約束は守られるだろうか。

## 日本総領事館

**ホノルル**
**一九四一年一二月一八日**

領事館で軟禁状態になって一週間以上が経つが、吉川猛夫は自分の正体がバレていないことを確信している。

これまでのところ、取り調べに対する彼の作戦はシンプルだ。自分の台本通り、貫くのみ。自分はただの書記生で、邦人の国外退去用書類を処理するのが仕事。だが、ハワイへ来た時期や喜多総領事との親密な関係を考えれば、当局が彼を重要参考人と考えるのは当然だろう。そしてそれは、彼が島中を調査して回っていたことを誰も知らないという前提での話である。

一番の気掛かりは、彼の協力者である三上と事代堂も、領事館に勤務していたほかの職員たちとともに取り調べを受けるだろうということだ。彼らと幾度となく行った、スパイ行為を示唆するような周遊ドライブについては、まだ何も質問されていないが、吉川はギロチンの刃の下に首を突っ込んでいるような気分でヒヤヒヤしていた。

総領事の喜多長雄自身がまだ職員とその家族二五〇人の中の一人であることが、吉川にとっては安心材料になっている。東京へ送った諜報報告はすべて喜多の名義だし、証拠となる文書を保管していたのも彼のオフィスだ。もし喜多の姿が見えなくなれば、自分も逮捕されることを警戒する必要がある。吉川は、喜多が自分を当局に売ると確信していた。

彼の不安は、尋問官らが喜多とその側近数名、合わせて大人一六名、子供五名を、別の拘置所へ移動させるよう命じたことで、ますます膨らんだ。その中に、奥田乙治郎、関興吉、そして〝森村正〟の名前もあったのだ。吉川は、忍び寄る恐怖を感じている。政府当局者たちは、真珠湾攻撃に関与した外交官を、ほかの領事館職員たちから隔離していた。

囚われの身となった日本人たちは、ホノルルの埠頭で沿岸警備隊の船に内密のうちに乗せられ、行く末のわからぬままサンディエゴへ送られていった。

## 連邦政府庁舎《フェデラル・ビルディング》

**ホノルル**
**一九四二年一月一日**

堂上《どううえ》キミエは、マッキンレー高校の一九三七年度の卒業生である。日本総領事館が受付係を募集していると聞いたとき、キミエは、街のほかの事務所で働くよりもきっと面白そうだと思った。そして今、彼女は反逆者の疑いをかけられて、三人の諜報員を前に座らされている。

しかし、堂上は動じない。その姿に、FBI捜査官のフレッド・ティルマンも、海軍情報部のジョージ・キンボール大尉も、陸軍軍事情報部のフランク・ブレイク大尉も、尊敬の念すら感じていた。彼らはのちに、「彼女は同年代の日系人女性の中では多少教養も高く、率直で協力的な姿勢が捜査員らを感心させた」と報告している。[6]

FBIは、次々と明らかになる領事館の活動の実態を記録するのに忙しい。主だった外交官たちはハワイから追放したが、聴取すべき領事館支援職員はまだ大勢残っている。今日から、領事書記官、秘書、そして領事館に直接雇われた現地スタッフの取り調べが始まる。堂上は受付係として働いていたが、来館者を観察したりほかの従業員のことを詮索したりするには、うってつけのポジションにいた。どこのオフィスでも人の出入りには決まった顔ぶれ、決まったパターンというのがあり、受付係ならば普段と少しでも違うことがあれば敏感に察知したはずである。

捜査官たちは、堂上の直感を尋ねた。すると彼女は、ある名前を口にする。森村正。陸軍情報部がほかの逮捕者から隔離した領事館職員の一人だ。ホノルルに来た時期と、オアフ島の高地をカメラ片手にしょっちゅう歩き回っていたという不審さから、疑いの目を向けていた人物である。

「彼の何が気になったのです？」

「いつも仕事に来るのは朝一一時頃、開館して二時間もあとです。それに、彼が午後にデスクで仕事をしているのを、ほとんど見たことがありません」と堂上が答える。「秋には、まったく出勤しなかった週もありました」

「どこへ行っていたのでしょう？　彼の移動手段を知っていますか？　車を持っていたのかな？」

「タクシーです」彼女が即答した。「領事館ではいつも、ロイヤル・タクシー・スタンドのオーナーを電話で呼ぶんです。森村さんも何度か利用していました。でも、何人かの書記官と車で出かけるのも見たことがあります」

「誰と一緒だったかわかりますか？」ティルマンが尋ねた。

「リチャード事代堂さんも車を持っていて、彼の車で出かけたときは一日中いませんでした」

「車種はわかりますか？」

「フォードのセダンです。三七年のモデルだと思います」

「ミス堂上、よく観察していてくれてありがとう。非常に助かります。ほかに誰かいましたか？」

「ジョン三上さんと親しくしていたのは知っています。よく二人で女の子たちを連れて遊びにいっていました」

ティルマンたちは見抜いていた。この女性は、観察眼の鋭い協力的な目撃者である。まだまだ有力な情報を引き出せそうだ。「森村について、ほかに何か気になったことや、変だなと思ったことはありませんか？」ティルマンの声に期待がこもる。

「そういえば、地図を見ました」堂上が思い出したように言った。「彼のデスクの上に、この島の大きな地図が広げてあったんです。鉛筆で印がつけてありました」

「オアフ島の地図に、何かを書き込んでいたんですね？」キンボールが訊く。

「そうです、日本語で」堂上はキッパリと答えた。「森村さん宛の手紙をデスクに届けに行ったときに見たんです。彼の近くへ行ったのは、そのときだけでした」

この受付係はすでに、真珠湾攻撃を準備したスパイ網の構成員かもしれない日本人外交官一人とアメリカ市民二人の名前を提供してくれた。捜査官たちは、今度は領事館の来訪者について、彼女からもっと情報を聞き出せないかと考えた。ティルマンは、日常業務とは違うことをしていた人がいなかったか尋ねてみた。

堂上には、一人だけ思い当たる人物がいる。一一月に領事館を訪れた、妙な〝ハオレ〟の男だ。名前は知らないが、彼の「ユダヤ人っぽい顔」はよく覚えている。その人は、総領事の私室にこっそり招き入れられたらしく、領事館を出ていく姿しか見ていない。さらに追求されて、その男を最後に目撃したのが一一月の末だったことを思い出した。

「あの人は、きっとスパイだと思います」そう付け加えた堂上は、捜査官たちの反応に満足した。

ティルマンはこの証言を受け入れ、期待まじりに、ある行動に出ることにした。実は今、隣の部屋では、特別捜査官のJ・スターリング・アダムスとジョージ・アレンが、オットー・キューンというドイツ人の取り調べを行っているのだ。キューンが移民局の拘置所からここへ連れて来られて尋問を受けるのは、今日で二日目である。これまでのところ彼は、日本やほかのどの国のスパイであることも否定している。

ティルマンは、いったん席を外して上司に相談に行った。聴取を監督するシヴァーズ特別捜査官は、血の匂いを嗅ぎつけたサメのごとく、ティルマンに同行して取調室へやって来た。堂上が語った不審な男の特徴は、キューンのそれと一致している。この二人が同一人物と判明すれば、あの男も折れてスパイ容疑を認めるかもしれない。

「あなたに頼みたいことがあるのですが、聞いてもらえますか?」シヴァーズが堂上に尋ねた。

「ある人物の顔を確認してもらい、見覚えがあるかどうか教えてほしいのです。彼は今、捜査官に囲まれて隣の部屋にいます」

堂上が緊張しながらも同意したので、捜査官たちは彼女を速記者のいる部屋へ連れて行き、机の向こうに座らせた。アダムスとアレンが入って来て、キューンの気を逸らすために彼と会話をし始めた。堂上はすぐに反応し、慌てて近くにあったカーボン紙で顔を隠した。

「あの人です」男たちが部屋を出て行ったあと、彼女が言った。「あのユダヤ人です」[7]

領事館を訪れた男がオットー・キューンだったことが確認された。ナチ党員である彼がユダヤ人に間違えられるとは皮肉なことだが、尋問を担当しているアダムスとアレンＦＢＩ捜査官はキューンから自白を引き出すための新たな切り札を手に入れた。そしてこのドイツ人は、喜多のオフィスで発見され日本政府に伝達されていた一連の信号システムを、自分が作ったと認めた。しかし、一二月七日の攻撃を手助けするような信号は一切送っていないと主張している。

スパイの一人が落ちた。次は、リチャード事代堂を問い詰めて、森村の関与を明らかにする番だ。

## 連邦政府庁舎《フェデラル・ビルディング》

### ホノルル
### 一九四二年一月四日

ＦＢＩのティルマン、陸軍のブレイク、海軍のキンボールは、リチャード事代堂の向かいに座り、冷たい目をしたこの男をじっと見据えている。日本とアメリカ両方の国籍を持つ事代堂は、口髭を薄く生やし、横髪を後ろに撫でつけたポンパドール風の髪型だ。サンドアイランド収容所に収監されてもなお、このスタイルを保っているというのは感心するが、その目つきと身振りからはお気楽さなどは微塵も感じない。

取り調べを担当する者にとって、容疑者の尋問に利用できる具体的な情報があることほど心強いものはない。そして彼らは、日付、時間、外出先、遊び方、女性関係など、具体的な情報を豊富に入手している。横浜正金銀行の事代堂の口座に不審な入金が幾度かあったことも確認した。元受付係の堂上に話を聞いて以来、取調官三人組は領事館の秘書や書記生六人から供述を得ているが、その全員が、仕事をサボって事代堂やほかの運転手と一緒に島中をあちこち見て回っていた森村の不審な行動について証言している。

取調室にいる全員が、事代堂がクロだと暗黙にわかっているようだった。しかしまずは、軽めの質問から始めてみる。領事館に届く郵便物の記録や仕分けの手順を、詳しく説明させるのだ。一見、たわいもない問いかけに思えるかもしれないが、実はそうでもなく、こうした質問をしているうちに事代堂と関興吉の関係性にたどり着いた。関は、秘書から渡された郵便物を開封していた。

会話が領事館に出入りしていたクーリエ（外交伝書使）の話になると、事代堂は躊躇なく確信を持って返答している。また、事代堂と関は、あるセールスマンと頻繁にコンタクトを取っていた（「J－1」と呼ばれる匿名の情報提供者の証言からも明らかになっている）。その行商人の名は、現在サンドアイランド収容所にいる中村知明《なかむらともあき》である。後日提出された海軍情報局の報告書には「中村に事務用品を販売する以外の目的があったという証拠は見つかっていない」とある。[8]

事代堂は、質問が森村におよぶと警戒心を強めた。彼は、森村が一九四一年三月に着任した直後に、ちょっとしたドライブに出かけたときのことを話している。しかし取り調べが進むにつれ、その後に複数回にわたり遠出したこと、その詳しい旅程、出かけた日付、たどった道筋などについて、しぶしぶながらも具体的に説明し始めた。また、女性との夜遊びについても話し、その際は関から直接渡された現金で支払いをしていたと明かした。

事代堂は、関と森村のあいだの確執にも触れ、二人がオアフ島巡りのことで揉めたこと、そしてそれを知ったのは自分が運転手を頼まれていた日帰り旅行がキャンセルされたからということも語っている。関を尋問するときがくれば、関は反感を持つ森村のことを売ろうとするかもしれない。

事代堂への尋問は、供述書への署名をもって終了した。この日、シヴァーズ特別捜査官は、アレクサンダー・ヤング・ホテル六階の第一四管区情報局のオフィスに、取調官三人が発見したことをまとめたメモを送っている。

## 海軍情報局宛：覚書

一九四二年一月四日
I・H・メイフィールド大佐へ
日本総領事館の活動に関する報告
――嫌疑：スパイ活動――

海軍情報局、G―2（陸軍参謀第二部。諜報・検閲を担当する機関）、FBIの合同捜査において、FBI特別捜査官F・G・ティルマン並びに海軍情報局ジョージ・キンボール大尉は、ハワイ諸島の防衛に関し貴殿の関心を即刻引くと思われる以下の情報を入手。

在ホノルル日本総領事館が雇用したリチャード事代堂（事代堂正之）を取り調べる過程で、同日本総領事館一等書記官として外務省に登録されている森村正が、日本政府からハワイ準州の軍事情報収集を任された人物であることに疑いの余地なしと判明した。このことは、ほかの領事館事務職員の供述や、森村自身の行動によっても証明されている。[9]

キューンはナチスの手先で日和見主義者だが、森村は二〇〇〇人以上のアメリカ人を殺害した攻撃に深く関与した正真正銘の外国人工作員である。喜多はそのスパイ網の親玉以外の何者でもなく、奥田は共犯者であり、書記生二人は彼らの手下だ。

今名前を挙げた者は全員、アメリカが身柄を押さえている。外交官たちは現在、サンディエゴで監禁状態だ。ジョン三上は、一月六日に拘束され尋問を受けている。教養のなさとつたない英語を盾に逃げ切ろうとしたが、結局は事代堂が暴露した詳細を裏付ける側に回った。二人は、ホノルルに新設されたサンドアイランド収容所に収監されたままである。

J・エドガー・フーヴァーは、ホノルルのスパイたちを処罰しようと躍起になっている。しかし国防省はそれに反対の立場をとっている。日本政府が自国内、あるいは間もなく占領することになる地域にいるアメリカの外交官や市民に報復することを恐れているのだ。

FBIと陸海軍の防諜員たちは、真珠湾攻撃を手引きしたスパイ網の摘発に成功した。ローズヴェルト政権にとって問題なのは、この犯罪者たちをどうするかということである。

## アレクサンダー・ヤング・ホテル

**ホノルル**
**一九四二年一月五日**

今日の新聞には、和田が読みたくないニュースが載っている。陸軍省が日系二世の徴兵区分を、徴兵適正者の「1-A」から徴兵不可外国人の「4-C」に変更したのだ。選抜徴兵局は今後、彼らを「国籍あるいは血統により軍隊への受け入れは不可」とみなすことになった。

では、すでに軍隊に所属している者たちはどうなるのか。岩井と彼の陸軍の仲間たちは、自分たちが排除されるのは確実だろうと思っている。彼らがダグラス和田にこの話をしたとき、和田も同じことを感じた。和田にとって今日のこのニュースは、忠誠を誓う二世たちの兵役を国が拒否すると確定するものだ。頭に血が上った和田は、オフィスでメイフィールド大佐を見つけるや否や、大佐に詰め寄った。「陸軍が二世兵士を全員除隊させています。きっとあなたもそのおつもりなのでしょう[10]!」

メイフィールドは、和田のあまりの剣幕に目をしばたたかせた。「何を言ってるんだ？　誰がそんなことを？」

「追い出したければ、どうぞ、そうしてください！」

「落ち着け、和田。そんなこと起きやしない。お前を解任するわけがないじゃないか。一度深呼吸しなさい。言いがかりはよしてくれ」メイフィールドはいったん口をつぐみ、感情を抑えた。「それが正しいなんて誰も思っちゃいない。少なくとも、ここではな」

海軍に入って長い和田にとって、厳しい叱責は心を鎮める効果がある。「わかりました、大佐。でも、海軍はどう考えているのですか？」

メイフィールドが微笑む。「管区情報局が今まで、お前のコミュニティを代表する丸本弁護士やそのご友人たちと、何をしていたと思ってる？　この街には、軍の情報機関以上の説得材料があるじゃないか。だが、我々はそれを証明してみせる必要がある。そこでだ、お前に会ってもらいたい人がいるんだ」

数日後、和田はオフィスで、鋭い目をした細身の男と同席していた。男は、太平洋艦隊司令本部参謀のセシル・コギンス少佐だと名乗った。一九四〇年からハワイで防諜の任に就いている。第一四管区情報局のスパイマスターとして、ハワイの日系コミュニティ内の不審な動きを監視するために、自ら選抜した一〇〇人近い防諜員を訓練してきた。そのほとんどが、日系二世である。和田はこれまで、彼自身と情報提供者の身元が漏れるのを防ぐため、この種の任務からは外されていた。

コギンスはミズーリ州出身で現在四〇歳、一九〇二年にセントルイスで生まれ、ミズーリ大学とジェファーソン医科大学に通った。カリフォルニアで産婦人科医として勤務していた時期に、アマチュアのスパイハンターになり、怪しいと目を付けた日本の漁船を一人で監視し、最終的にその漁船が使っていた秘密の信号システムに関するデータを提出して海軍省を感心させた。[11]

「それでだ」コギンスが何の前置きもなしに話し始めた。「二世の忠誠心とは、いかほどのものかな?」

「私の忠誠心と同様に厚いです」和田は即答した。「徴兵ではなく、志願兵を募っていただければわかります。二〇〇人募集すれば、四〇〇人が奉仕を申し出るでしょう」

「本当か?」

「お疑いになるのなら、私はどうなのです？」

コギンスは笑って「君か？　君は特別だよ」と言う。

「では岩井さんは？」

「そりゃ、二人とも特別なのさ。軍に長くいれば、おのずとそうなる」上官はそう言ってから少し間を置いた。「もし私が、ワシントンに無電を送り、兵役を望む二世を集めてヨーロッパ方面に派遣するよう進言する、と言ったら？」

「〝ドイツ兵〟と、戦わせるのですか？」

「彼らの祖国のために、戦うのさ」コギンスが切り返す。「太平洋地域だと、海兵隊員に敵と間違えられて撃ち殺されるかもしれないからな[12]」

「なるほど、少佐は人の心理をよくわかっていらっしゃる」

和田と面談して以来、コギンスはハワイの二世を影で擁護するようになった。和田が彼に言ったことは、陸軍や法執行機関にも伝えられ、ハワイに近い当局者ほど二世の忠誠心を確信するようになった。

コギンスは、ホノルル公民協会（旧布哇日本人公民協会）の会員たちと会合を開き、共同で日系アメリカ人の忠誠を誓う声明を起草した。声明文には「祖国を守るために武器を持つという神聖な権利を私たちから奪うことは、アメリカの民主主義の基本原理に反する行為である」と宣言している。

この文書は、ハワイの実業家でデリングハム・トランスポーテーション・ビルディングの名の由来にもなったウォルター・デリングハム主催の昼食会で、ハワイの軍部最高位につくデロス・エモンズ中将とチェスター・ニミッツ大将に提出された。地元社会に強い影響力を持つこのビジネスマンは、かつては日系住民に疑いの目を向けていたが、今ではすっかり彼らの大義を歓迎する大擁護者である（以前は、サトウキビ農園の日系人労働者による度重なるストライキがきっかけでジョンソン＝リード法（一九二四年移民法、排日移民法とも呼ばれる）を支持していた）。

それが意味することは一つ。ハワイでは、二世の軍隊に入り忠誠心を証明する権利を支持する動きが高まっているということだ。こうした働きかけがローズヴェルト政権に方針の転換を決意させられるかどうかは、じきに判明するだろう。

## サンペドロYMCA

カリフォルニア州サンペドロ
一九四二年一月二九日

ケネス・リングルは、「日本人問題」に関する最新の報告書を手に、最善の結末を祈るばかりである。リングルはつい最近彼の上司にこの報告書を提出したが、間もなく全国に公開されて議論を呼ぶことになるだろう。アメリカは、歴史的な過ちを犯すかどうかの瀬戸際にあり、この文書はその過ちを回避するためにリングルが考え出した一手なのである。

先週、リーランド・フォード下院議員は、アメリカ国籍保有者を含む日系住民の強制収容を求める法案を提出した。フォードはそれを提唱した最初の議員だが、一斉強制収容を主張してきた西海岸地域の市長代表団に後押しされてのことである。

リングルの報告書は、ハワイでの一斉収容に反対する説得力のある理由を示している。リングルは、大多数の日系アメリカ人が少なくとも「受け身の忠誠心」（表立っては主張されない暗黙の忠誠心）を持っており、破壊工作員や敵スパイの可能性のある人物は個別に特定して投獄すべきで、「事実、そのほとんどはすでに投獄済み」と主張している。

リングルは、この報告書で次のようにも力説する。「〝日本人問題〟は全体的に、実際よりも悪く誇張されている。しかもそれは、彼らの見た目で判断されているところが大きい。我が国に居住するドイツ人、イタリア人、共産主義者たちがもたらす問題のほうが遥かに深刻である。日本人問題については、アメリカ国籍の有無にかかわらず個人レベルで対処すべきである。人種をもとに判断すべきでは決してない」

同報告書は、日系の団体、特に文化協会、武道などスポーツの愛好会、仏寺、神社などを取り締まるべきであることを明確に掲げ、そこに列挙された団体はすべて日本領事館の外部組織に等しいとする一方で、実際に脅威となる破壊工作員やスパイの数は「日系人全体の三パーセント以下、合衆国全土でも三〇〇人程度」だとしている。

これだけ少数であるなら、どんな国粋主義団体でも対処は可能である。リングルは「このような団体のメンバーに関しては、海軍情報部もＦＢＩもすでによく把握しており、外国人か市民かに関係なく直ちに収監すべきである」とした。

この報告書が示す日系住民への究極の対処策とは、「彼らを教化・吸収し、たとえ人種的マイノリティであることに変わりなくとも、合衆国国民の重要不可欠な一部として受け入れ、市民の権利や特権を公的に認め、責任と義務を果たすよう要求する」ことだ。

「リングル・レポート」は、強制収容所への一斉収監反対のロビー活動を行うすべての人にとって、明快な呼びかけとなった。強制収容反対を訴える声の中で特に影響力の大きい人物の一人が、Ｊ・エドガー・フーヴァーである。彼が信頼を置くホノルルの主任特別捜査官シヴァーズと、防諜現場の最前線にいるほかのＧメンたちは、強制収容がいかに愚行であるかを長官に納得させることに成功したのだ。

二月五日、ロサンゼルス市長のフレッチャー・バウロンが、日系アメリカ人を西海岸から即刻追い出すよう求める演説を行った。バウロンは、日系人を収容所へ送った上で、戦争のために働かせることを提案している。

今、ローズヴェルトの前に、二つのビジョンが示された。混乱と恐怖の道か、受容と自信に満ちた道かである。

一九四二年二月一九日、リングル、シヴァーズ、フーヴァーは議論に敗れる。この日、ローズヴェルトは大統領令九〇六六号を発布。安全保障上の脅威とみなされる者を審理なしに排除する権限を、軍司令官に与えた。

大統領令の文言は対象民族を特定するものではなかったが、在米日本人に対して即座に適用された。ほどなくして陸軍は、カリフォルニア州の一部を「軍事地区」に指定し、その地域に住む日系人全員の立ち退きを三月下旬より開始することを発表する。これが、さらなる苦境の始まりだった。

## フレンチ・フリゲート瀬

**ハワイ準州**
**一九四二年三月五日**

橋爪寿雄《はしづめひさお》大尉の指揮する二式大型飛行艇（二式大艇）が、水面に滑り込んで白く厚い航跡を引いた。橋爪は、スピードが十分落ちたところで、海面から盛り上がったクジラの背のような二つのコブに向かって舵を切る。彼の到着を待っていた日本の給油艦だ。

この二式大艇は最近新調された戦闘飛行艇で、今回の出撃が初陣である。長距離海上偵察用に生産され、長時間を移動するのに十分な大きさがあり、米海軍戦闘機と交戦できるだけの武装も施されている。単独飛行を想定して配備されたものだが、この初飛行は特別だった。

二式大艇の二番機が近くに着水し、片方の給油艦へ向かった。各機、二五〇キロ爆弾を四本搭載し、一〇人の搭乗員を乗せている。二機は、約三〇〇〇キロ離れたマーシャル諸島のウォッジェ環礁から飛んできた。ここを経由すれば、確実に目的地に到達できる。目指すのは、オアフ島だ。

北西ハワイ諸島のフレンチ・フリゲート瀬は、遠隔の合流地点として理想的な場所である。この海域には、大昔の火山噴火の名残である三二キロメートルにおよぶ珊瑚礁と、十数の砂州、そして高さ三七メートルの尖礁がある。それに、真珠湾までわずか九〇〇キロの距離で、耐久性に優れたこの飛行艇であれば十分近いと言える。

橋爪と彼のクルーは、真珠湾上空の武装偵察任務の真っ最中だ。たった二機での出撃なので、大きな損害を与えるのが目的ではない。アメリカ軍の士気をくじくことができれば、それで十分である。ただし、米海軍基地のドックの準備状況がわかるどんな情報でも収集できれば、これから行う二度目の空襲で敵側に与える動揺と同じくらいに価値があるというものだ。

二式大艇の給油は、訓練の賜物で迅速に進んでいる。補給中は極めて無防備になるため、素早く終わらせようと誰もが必死になる。飛行艇が東の曇り空へ飛び立つときには、給油潜水艦はすでに水面下に消えようとしていた。

このフライトは、ある意味で成功である。飛行艇が現れるとは誰も予想していない。橋爪たちは、何に阻まれることもなく、オアフ島へ向けて飛行を開始した。空は雲で覆われているので敵に発見される心配はないが、同時に自分たちも観測が不可能である。混乱と緊張の中、橋爪は山腹に爆弾を投下。二番機もこれに続く。しかしこの山は、実はタンタラスの丘で、まったくの無人だった。爆破の衝撃は、眠っていた地元住民たちを起こしはしたが、「軍め、こんな早朝から対空訓練などしやがって」と怒らせただけで、死傷者は一人も出ていない。

作戦は不発に終わったが、飛行艇の存在は当然アメリカ側に気づかれた。太平洋艦隊司令長官のチェスター・ニミッツ大将は、フレンチ・フリゲート瀬のところどころに機雷を敷設し、敵潜水艦を監視する警備艇を配置することにした。南雲忠一中将はハワイの米艦隊を追跡するため二式飛行艇の増派を要請するが、彼の艦隊に武装偵察を行う機会は訪れないのである。

この空襲は、歴史の〝余談〟として終わる運命だったが、あとに残る影響は大きかった。そして、ホノルルのハイポにいる暗号解読者にとっては、自分たちが正しかったことが証明された瞬間でもあった。彼らは、日本軍が空襲の事前準備にフレンチ・フリゲート瀬での燃料補給を検討しているようだと警告しており、それが今現実となった。ハイポの暗号解読技術に対する信頼度が高まったことは、太平洋戦争が次の重大な局面を迎えるにあたり、大きな意味を持つことになるだろう。

今、大きな戦いが起こりつつあり、その勝敗は海軍の情報の活用いかんにかかっている。アメリカ海軍は何カ月も前から、相当数の敵部隊と装備が移動している証拠を摑んでおり、この動きを大規模攻撃の前兆と捉えている。これらの情報は、マーシャル諸島にある日本軍の中継地で送受信された通信を傍受して得たものだ。だが、日本軍はどこを攻撃するつもりなのだろうか？

三月の初め、暗号文の中に「ＡＦ」という文字が現れるようになる。これは、攻撃目標を示していると思われた。三月一三日、アメリカの暗号解読者たちが日本海軍の暗号書の解読に成功。それにより、「ＡＦ」がミッドウェー島のアメリカ軍駐屯地を意味することを突き止めた。[13]

## トライアングル・T牧場　ゲストハウス

アリゾナ州
一九四二年三月一四日

吉川猛夫は、砂漠の乾いた空気を胸いっぱい吸い込んだ。周囲には、ハリウッドの西部劇さながらの景色が広がっている。岩がごろごろ転がっていて、遠くに浮かぶ山々のシルエットが地平線にできたこぶのようだ。

大日本帝国海軍のスパイである吉川は、当然アメリカ合衆国について勉強してきており、この国の総面積が何平方キロメートルあるのかは学術的に知っている。しかし、活気あふれるサンディエゴの海岸線からこの干からびた荒野まで移動してきて、その距離が国土のほんの一部であることを知り、この国がいかに大きいかを実感させられた。

この日本の外交官一行には、観光のチャンスはない。移動はすべて秘密裏に行われ、武装した数人の私服国境警備隊員に付き添われてのことだ。サンディエゴの船着場からホテルの部屋、そして汽車の駅へと直接連れて行かれ、その間誰とも話さず、どこでも通用口を使い、彼らのために用意された一般乗客の一人もいない列車に乗せられた。国境警備隊を含む同行者の何人かは、この一行を日本の要人と思っているようだ。

その旅の終着がここ、アリゾナ州の「トライアングル・T・ゲストハウス」である。まるで太平洋に浮かぶ環礁のような、人里離れた遠隔の地だ。テキサスキャニオンという集落のそばを通るハイウェイから少し離れたところに、ポツポツとキャビンが建っている。キャビンが並ぶ敷地全体を取り囲むように新しいフェンスが設置されていて、国境警備隊が巡回している。誰もここから出ることを許されないし、訪問者も認められない。欲しい物があれば、週に一度、政府の人間が買い物リストを持って二四キロ先のベンソンまで車を走らせる。地元の医者は、必要なときにだけ来てくれた。牧場の経営者も従業員も、国境警備隊ですら、彼らがなぜここに収容されているのかを知らない。[14]

秘密の刑務所にしては、かなり良心的である。子供たちは楽しく過ごしているし、大人たちもこの異質な環境に徐々に順応していった。ここのアメリカ人たちは皆人懐っこく、野球やテニスを一緒にやってくれるほどだ。領事館員たちにいたっては、自分たちの私物をハワイから木箱で送ってもらうことすら許されている。

これほどの厚意を受けていても、吉川は満足できなかった。牧場の生活は「なかなか快適」だが、こうしているあいだにも連邦捜査官たちがハワイで自分に不利になる証拠を集めていることを知っている。

ＦＢＩの取調官は、吉川、喜多、関を苦しめていた。彼らは毎回、新しい名前や詳細を突きつけてくる。そうした情報は、オットー・キューンか三上か事代堂から聞き出したに違いなかった。尋問中、取調官がタバコを勧めてくることがよくあるが、吉川はいつもそれに応じている。彼は同じ戦略を貫いていた。逃げて、逃げて、逃げまくる。何も明かさない。

吉川たちの首に掛けられた縄が締まっていくにつれ、牧場内の緊張も高まっていった。ある日、喜多が人目を避けて吉川に囁いた。「もうわかっているかもしれないが、どうだろう、君が一人で責任を被ってくれる気はないだろうか。そうすれば、ほかの者は全員解放されるんだがな」[15]

吉川は黙って頷いたが、そんな気はさらさらない。さて、吉川に心配事が一つ増えてしまった。喜多は、これ以上厳しく尋問されたら口を割るかもしれない。

## 農務省

ワシントンDC
一九四二年三月一八日

ミルトン・アイゼンハワーはオフィスの片付けをしながら、この一週間であまりにいろいろなことが変わってしまったと思い返していた。彼は三月一〇日にこの世を去った父親を埋葬するためカンザス州アビリーンへ行っていて、ついさっきワシントンに戻ってきたばかりだ。アビリーンへ行ったのは、三月一三日の葬儀に出るためだった。[16] 兄のドワイト・アイゼンハワー陸軍少将は、ジョージ・マーシャル陸軍参謀総長から戦争計画部を任され忙しくしていたので参列できなかったが、少々の空き時間を見つけて書いた弔辞を送ってきた。[17]

そして、大統領からの電話だ。カリフォルニアで日本人の一斉退去計画が開始されるので、数週間のうちに食料、住居、雇用を必要とする人が一〇万人以上出るという。今日まで、ミルトン・アイゼンハワーは、ローズヴェルトのニューディール政策（新規まき直し政策）を支える農務省情報部の部長を務めていた。そしてこの度、彼は新設されたばかりの戦時転住局（ＷＲＡ）の初代局長に任命されたのだ。

戦時転住局の役割は、「全日系人を拘束し、軍隊の監視下に置き、土地の購入を阻止し、戦争が終結したあかつきには全員を元の家に戻す」というものだ。大変な任務である。誰かの助けが必要だ。

ミルトン・アイゼンハワーの考え方に大きな影響を与えたものの一つに、あの「リングル・レポート」がある。そして彼には、自分の望む人材を雇用する裁量権が与えられている。そこで、報告書の作成者に手紙を書くことにした。

そのころ、ケネス・リングルは、諜報の仕事を辞めて軍艦の司令官として現場に出たいと考えていた。そのための異動願いを書いていたとき、アイゼンハワーからの手紙が届いた。手紙は、リングルの調査努力と日本人に関する明確な見解への称賛から始まっていた。そして、アイゼンハワー自身は強制収容を間違いだと考えており、政府が用意した収容所にこれから送られる西海岸の一二万人の日系人のためにも、措置は緩和されるべきだと綴られている。[18]

リングルは、強制収容の是非を問う議論に敗北した。少なくとも、本土では。彼の息子は、このころのリングルについて「憔悴し、落ち込み、日系人への裏切り行為に結果的に加担したという自責の念を抱えていたようだ」と語っている。しかし彼は、戦時転住局に協力することに同意した。

そして、一月に書いた報告書を下地にして収容所の運営方法に関する五七ページにおよぶマニュアルを作り、さらには、抑留者の社会復帰の計画も立てている。また、抑留者の兵役募集の基礎も築いた。[19] リングルにとって、これが情報部での最後の仕事となるだろう。戦闘任務への転属願いはいったん据え置くが、春の終わりには提出しようと思っている。

しかし彼はこの舞台を去る前に、〝置き土産〟を計画している。アメリカで暮らす日系人全体の忠誠心を具体的に示した部分を含め、改訂した報告書をマスコミに公開するつもりだ。[20]

## プレシディオ軍事基地

**サンフランシスコ**
**一九四二年三月二九日**

西部防衛司令部のジョン・デウィット中将が公告第四号を発布した日は、歴史の暗い一ページとなった。政府は、西海岸のすべての日系アメリカ人の強制立ち退きと収容を命じている。猶予は四八時間しか与えられていない。

この動きに反対するロビー活動を行ってきた人たちにとって、今月は最悪な月になりつつある。三月二一日、議会は公法五〇三号を可決し、ローズヴェルトの大統領令九〇六六への違反を軽犯罪とし、違反者は一年以下の禁固刑および五〇〇〇ドル以下の罰金刑に処すとした。ホワイトハウスの一存で、安全保障上の脅威とみなされる人物を審理なしに排除する権限が軍司令官に与えられた今、法的強制力はいっそう強まった。

ＦＢＩは日本の国粋主義団体に対し強硬な取り締まりを続けているが、人々の不安を和らげるどころか、逆に恐怖を煽っているように思われる。三月二七日、捜査官たちはカリフォルニア州サンホアキン・バレーの地元警察の協力を得て、危険人物との容疑をかけた三八人の日系住民を逮捕した。日本語教師のＫ・ホンマを含む何人かが、黒龍会のメンバーであることを認めている。

黒龍会は得体の知れない組織として恐れられていた。一九〇一年に武道家の内田良平によって設立されたこの団体が公に掲げる目標は、ソ連を東アジアから締め出すことだった。メンバーには著名人が多かったにもかかわらず、同会は目的達成のために次第に犯罪組織を取り込んでいく。一九三〇年代には日本の超国家主義の台頭を助け、穏健派の政治家複数名を殺害したと言われている。

黒龍会は国外にもその触手を広げ、中国やフィリピンで日本の国益を拡大するための組織を形成していた。その活動はアメリカ国内でも目に見えて活発化している。最初期の例として、一九二四年に黒龍会が主導した、排日移民法に対する抗議運動が挙げられる。さらに警戒が必要なのが、カナダの移民となり「サトハタ・タカハシ」などの偽名を使ってアメリカに潜入していた中根中《なかねなか》という人物の動きである。中根は、シカゴとデトロイトで黒人反政府団体と合同集会を開いていた。中根は、非白人が世界的闘争の中で団結することを呼びかけていた。

一九四〇年に徴兵制度が施行されると、選抜徴兵局は登録を拒否する者に監視の目を光らせた。同局は、シカゴとデトロイトのアフリカ系アメリカ人が、自分たちをイスラム教徒だと主張し、宗教を理由に徴兵登録を拒否していることを知る。ＦＢＩの元にタカハシが戻ってきたという密告があり、真珠湾攻撃が起きる前に入国管理局がすでに身柄を拘束していた。黒龍会の活動を疑わせるこうした兆候に、ＦＢＩは警戒を強めている。

好戦的愛国主義な報道陣はこぞって煽動記事を書き立て、黒龍会がもたらす実際の脅威が誇張されて伝えられ、アメリカの日系住民全体の評判を地におとしめていた。報道コメンテーターたちが、第五列は漁船や神社や農園に潜んで活動をしていると吹聴するのだ。

リングルは改訂版の報告書の中で「報道されている記事や主張は偏見に満ちており、暴力的な反日感情を多分に引き起こすおそれがある。極めて危険である」と警告している。

全国の新聞・雑誌の寄稿者、ラジオ番組の司会、地方政治家の多くが、読者聴衆を煽ることに一生懸命になっていた。シアトルに住む新聞コラムニストのヘンリー・マクレモアは「私は、アメリカが世界の人種や文化のるつぼであり、すべての人間は生まれながらにして平等で、人種や信仰に対する差別や反感などあってはならないことを知っている。しかしながら、国家が存亡をかけて戦っているときに、果たして同じ主張を続けられるだろうか？」と書いている。「私にはできない」

マクレモアのコラムは、西海岸からすべての日系人を排除するよう働きかけている。そして

「個人的には、私は日本人が嫌いである」と締めくくる。「日系人全員が大嫌いなのである。敵の心を傷つけることを心配するのはやめて、実行に移そうではないか」[21]

こうした世論の高まりもあって、デウィット中将は思い切った決断を下す。大統領令と議会の新法を根拠に、一二万人の日系人を一人残らず西海岸から移住させるのである。彼らはいったん、アーカンソー、ワイオミング、カリフォルニア、ユタ、アリゾナ、コロラド、アイダホ各州の遠隔地に一〇カ所設けられた「集合センター」に送られることになった。つまりは、鉄柵で囲まれ警備兵が監視する「仮設収容所」を柔らかく表現した名称である。収容者のうち七万人近くは、アメリカ市民だ。政府は彼らに対して何の罪も起訴しておらず、収容される側も拘留に異議を申し立てることができなかった。

ハワイの日系人の運命は違っていた。そこでの対応は、リングル・レポートの助言に耳を貸したものだった。準州知事は戒厳令により傍観者に追いやられているが、現地FBIと陸海軍の関係者は、カリフォルニアとは違う対応を求めて陸軍に働きかけている。メイフィールドやシヴァーズを含む、リングルのハワイ支局の同僚たち[22]は、一斉収容案に抵抗するようデロス・エモンズ中将を説得し納得させた。そしてエモンズは、ローズヴェルト政権からの圧力に屈せず、その主張を貫いている。

ハワイでの拘留措置は、罪のないコミュニティリーダーたちや武道家、スポーツ選手、農業経営者、ジャーナリストなどにおよんでいるが、少なくとも彼らの拘束理由は人種が基準ではない。代わりに、すべての一世指導者たちに対する、いわゆる〝斬首作戦〟だった。[23] そして、かつては伝染病の疑いのある船客を隔離するための検疫所だったサンドアイランドの収容所に収監されることになる。ほとんどの人は、そこから本土の収容所へ送られた。

そのようなことがあっても、ハワイのボランティア活動はますます盛んになっていた。日系住民の多くが街頭指導員や、赤十字職員、消防隊員、救急隊員として働いている。キアヴェ部隊と呼ばれるボランティア団体は、軍の駐屯地のために雑木林を伐採したり、道を作ったり、海岸線に沿って有刺鉄線を張ったりした。警察予備隊は路上や駐在所で勤務している。

新たにハワイ日系住民と軍政府とのあいだの重要な連絡役を担うことになったのが、丸本正二が委員長を務める非常時奉仕委員会である。軍政総監局の士気高揚部会が二月にその結成を承認した。開戦前からＦＢＩとつながりがあった丸本は、大衆の忠誠心を促進しそれを個々に根付かせることを意図した組織のフロントマンとして適任と考えられた。丸本は、二世の兵役志願促進への思いも強く、ハワイの状況が安定したら自身も陸軍に志願するつもりでいる。

彼は、既存の日本人社会や組織を強制的に解散させることでリーダーシップを得た。丸本をはじめとする二世の有力者たちは日系団体の解散を支持し、積極的に解体の手伝いをしている。また同委員会は、抑留されている日本語学校や神社やそのほかの組織の理事たちに、自発的な解散を促してきた。

「英語を話そう」運動もまた、委員会が力を入れていることの一つである。日本語の看板を英語のものに掛け替え、地域の象徴的な場所や建物の名称を英語に変更するなど、公の場で、また、あまり歓迎はされないものの個々の家庭内でもこの運動が推進されている。[24] これは厳しい自己検閲のもと行われ、一世にとっては不公平だが必要に迫られてのことだった。それはまた、二世が主導権を握るハワイの権力構造を強固なものにする、世代的な粛清でもあった。

献血キャンペーンや戦時公債購買運動、シヴァーズによる情報提供者ネットワークの拡充、ジロー岩井やダグラス和田のような軍情報部員のたゆまぬ諜報活動、警察のボランティア要員による島の安全確保への取り組み、そして新たに明らかにされたホノルルの中央集権的なスパイ組織の詳細、そうしたことすべてが軍執行部に大規模強制収容を思いとどまらせていた。抑留が制限されているもう一つの理由は、純粋にハワイの現状にあった。ハワイ諸島の全人口四二万三〇〇〇人のうち、一五万七九〇〇人が日系人で、その三分の一が日本国籍者だ。人口のこれだけの割合を拘留すれば、ハワイの経済が立ち行かなくなる恐れがある。

これまでの拘留率は低く、日系住民の一パーセントにすぎないが、それでも準州全体が受けた社会的ダメージは計り知れない。軍政下では、日本の文化を表現することは全面的に禁止されている。日本語を教えれば収監対象になるし、神社も閉鎖されたままだ。剣道も禁止で、道場の開設者のほとんどは収監されたか国外へ追放された。また、道場に陸軍の者がやってきて、畳や竹刀や木刀を集め、山積みにして燃やしてしまった。[25]

真珠湾攻撃から数日のうちに、陸軍は横浜正金銀行を接収して資産を凍結し、幹部を収容所へ送った。現在軍は、マーチャント通りに建つこのルネサンス様式の建物を、憲兵隊の駐在所として使用している。一九四二年二月には米財務省が、一般利用客の預金を含む、銀行の全資産三〇〇万ドルを清算し始めた。和田久吉は、貯金を失ってしまった。[26]

## アレクサンダー・ヤング・ホテル

**ホノルル**
**一九四二年六月三日**

五月、セシル・コギンズはまたも、アレクサンダー・ヤング・ホテルの六階を訪れた。今この階は、一〇〇人を超す海軍情報部員に完全に占拠されている。「おいダグ、このあいだの無電の話を覚えているか？　実現することになったぞ。今、二世だけの部隊を訓練しているんだ[27]」

その数日後、コギンズが言っていたことが正式に発表された。新兵の入隊は依然として禁止されているものの、陸軍はすでに兵役に就いていた二世部隊を始動させ、第一〇〇歩兵大隊を編成したのである。その日系二世隊員一四〇〇人の多くはハワイ準州兵で、真珠湾攻撃後、負傷者の収容や残骸の撤去などに一日を費やしたあと、武器を取り上げられるという屈辱を受けた者たちだ。

和田は、ホノルルに歓迎すべき変化を感じ、自分をはみ出し者に思う感覚が少し薄れた気がして嬉しかった。「第一〇〇歩兵部隊が結成されたことで、コミュニティの雰囲気が変わった」と、のちに和田は思い返している。「ここにいる日系人たちに愛国心がないというのではなく、彼らは軍でこんなふうに重要な職務に就く二世がなぜ私と岩井だけなのかを、理解できずにいたのだ」[28]

和田は、日系住民の調査を丹念に行った岩井の防諜活動があったからこそ、第一〇〇歩兵大隊結成への道が開けたと考えている。「岩井の調査と報告が大きな要因となり、ハワイの日系アメリカ人に向けられたスパイ容疑や不忠誠の嫌疑が根拠のない虚偽であると証明されたのである」[29]それは、たった一人の取り組みだけで成せたことではない。しかし、彼の孤独な活動が大統領周辺の不安を和らげるのに役立ったのは間違いない。

六月五日、第一〇〇歩兵大隊は、カリフォルニアへ向かう軍隊輸送船〈マウイ〉に乗り込んだ。到着まで五日、それからウィスコンシン州の訓練基地まで、さらに二日かかる。〈マウイ〉船上の士気は高い。戦う機会を与えられたときは、今度こそ二世の忠誠心を証明するのだ。

# ホテル・ペンシルヴェニア

## ニューヨークシティ
## 一九四二年六月一一日

アメリカ国境警備隊のリード・ロビンソンは、ホテル・ペンシルヴェニアの七階の廊下に置かれた椅子に腰掛け、『ニューヨーク・タイムズ』紙の最新号に目を通している。ハワイから来た日本人捕虜を警護するため、アリゾナからニュージャージー、そしてニューヨークへと、何日も列車に揺られていたあいだ、どんなことが起きただろうかと確認しているのだ。

領事館職員一二人とその家族はこの日、朝一一時にペン駅に到着し、通りを渡った向かいのホテル・ペンシルヴェニアに密かに収容された。ロビンソンは今、客室の前で警護をしている。逃亡を阻止するためというよりは、彼らに対する突然の襲撃を防ぐためである。同僚隊員のペッテンギルとパンサーが休んでいるあいだのシフトだ。夜八時には解放される。

今日の目玉記事は、ミッドウェー海戦で撃墜されたジョージ・H・ゲイ・ジュニア少尉の目撃談だ。彼は、アメリカ海軍が日本の空母三隻をスクラップにするところを波間から見ており、のちに救助され最初の目撃証言を提供している。「二四時間海を漂ったゲイ少尉は、海戦史に残る大海上交戦の衝撃的な目撃談を語る」と同紙は綴っている。

六月四日にゲイ少尉が目にしたのは、海軍による真珠湾攻撃への報復だった。海軍の暗号解読者たちが日本の艦隊の動きを予測し、その情報をもとに航空部隊が、ミッドウェー基地を攻撃しに来た敵艦隊に先制攻撃をくらわせたのだ。空母〈エンタープライズ〉と〈ヨークタウン〉から出撃した爆撃機ダグラスSBDドーントレスの一群が、帝国海軍の空母〈加賀〉〈赤城〉〈蒼龍〉を猛爆撃。三隻すべてを大破せしめた。

米海軍の誇らしげな発表を信じるなら、この海戦が太平洋戦争の流れを一転させた。ロビンソンは、日本軍におよんだ損害が報道されている通りの甚大さであることを願うばかりだ。そして、ここにいる日本人たちにこのことを伝えたら彼らは信じるだろうかと、ぼんやり考えていた。

次の一週間はホテルで過ごし、警護のシフトの合間に囚われの日本人たちを訪ねてまわった。彼らはなかなか人当たりが良い。彼らを勇気づけるかのように一二三個もの荷物が届き、みんなの士気が急上昇した。彼らは帰国できることがわかって、上機嫌なのだ。ミッドウェー以来、アメリカが攻勢に転じるのは確実である。アメリカに留まるほうが安全かもしれないのにと、ロビンソンは思った。

六月一八日、この著名な捕虜ご一行を警護するロビンソンの最後の任務は、彼らをホテルの裏口から車に乗り込ませることから始まる。車は、マンハッタンを抜けて西へ向かった。第九七番埠頭に、巨大な白い船が横付けされている。左舷と右舷には、黒く目立つペイントで「Sverige（スウェーデン）」と「Diplomat（外交）」の文字。船体にも、巨大なスウェーデン国旗が描かれている。この船のすべてが「撃たないで」と言っている。そして、第二次世界大戦の交戦国は、このような非情な状況の中にあっても、この船の航行を妨げないことに同意していた。

一九二五年に建造された〈グリップスホルム〉号は、大西洋を横断した最初のディーゼル客船である。アメリカ政府は、ドイツ、イタリア、日本との捕虜交換のために、この船（および姉妹船〈ドロットニングホルム〉号）をチャーターしている。今回〈グリップスホルム〉号は、国際的に認められた救済船という新たな役割を担っての初航海に出る。

埠頭には、日本の政府関係者やビジネスマンとその家族を中心に一〇〇〇人以上の人が並び、豪華客船に架けられたタラップを上がっていく。移送される人数の多さを見て、ロビンソンはなぜ自分がエスコートした捕虜たちが、ほかの乗船者とこれほど違う扱いを受けていたのか不思議に思う。しかし、その理由を聞かされなかったということは、自分たちが知る必要のないことだったということだ。戦時中とはそういうものだ、と納得した。

ロビンソンと同僚二人は、喜多やほかの何人かの捕虜たちと握手を交わし、航海の無事を祈った。喜多たちは、正式にはまだアメリカ政府に拘留されている身だが、ここから先は国境警備隊の任ではない。アリゾナへ戻るときが来た。この戦争で、アメリカとメキシコとの国境に緊張が高まっていた。

吉川は、国境警備隊が去っていくのを見て、肩の荷が下りた気がした。希望に満ちた表情を交わし合い、吉川と喜多は〈グリップスホルム〉号に乗り込む。吉川は、日本政府の保護下に置かれるまでは、森村のままである。それでも、船が埠頭を離れ、アメリカ本土を後にした今、正体がいつバレるかと怯えていた心は落ち着きを取り戻しつつあった。[30]

救済船は驚くほど豪華だった。船の内装は、スウェーデンの城をモデルにしたものだと、乗組員が説明していた。

乗客の多くは抑留生活から解放されることを喜び、船内は陽気なムードに包まれている。しかし船には、ハワイから日本へ強制送還される九人も乗っている。[31] カマ・レーンにある金刀比羅神《ことひらじん》社《しゃ》の磯部宮司も、その一人だ。磯部のような人たちにとっては、これは帰国ではない。追放である。[32]

艦橋では、緊迫した空気が漂っていた。海は今や戦場である。どんな大型船も潜水艦の標的になり得る。誤認されることを避けるため、〈グリップスホルム〉号には巨大な投光器が設置され、船体の文字を明るく照らして白い巨体を波間に浮かび上がらせている。最近は姿を〝見せたがる〟船などいないので、有能な潜水艦の艦長であれば、攻撃する前に思いとどまるはずだ。

城のような救済船は、ひと月以上にわたる航海の末、ポルトガルが支配下に置くアフリカ南東沿岸の都市、ロウレンソ・マルケス[33]の港に到着した。ここで船客は、日本、香港、シンガポール、ヴェトナムから移送されてきた連合国の民間人一五五四人と交換される。第二次世界大戦で最初の日米捕虜交換が実現したのである。

ハワイにいる軍情報部員以外に、このことを知る者はほとんどいない。真珠湾攻撃を手引きしたとアメリカ政府が確信するスパイたち――関興吉、喜多長雄、奥田乙次郎、そして「森村正」――は、全員自由の身となった。

# 第七章　三年後

## カマ・レーン

ホノルル
一九四五年五月

六九歳になった和田久吉は、家の前のポーチに腰掛けて、隣の敷地に建つ真っ暗な金刀比羅神社を眺めている。門は閉ざされ、灯りは消え、宮司は日本へ強制送還された。久吉の背後で、カマ・レーン一〇四二番地が墓場のように静まり返っている。ここにはもう、年老いた父が一人残っているだけだ。

和田チヨは、病に倒れホノルルのクアキニ病院に入院していたが、前年の四月二五日に六二歳でこの世を去った。末娘のハナ子は、母親が亡くなる少し前の四月八日に太田時春《おおたときはる》と結婚し、実家を出ている。時春は、オアフ島最大のフィッシュポンド（ハワイ古来の淡水魚養殖池）の維持管理を住み込みで行うグラウンドキーパーである。久吉の伝統的な暮らしに倣い、娘婿はモダンなデザインよりも、ヤシの葉で作った箒を使うような質素で素朴なスタイルを好んだ。二人の新居、ウアラカア通り一九三〇番地は、文字通りの沼地にある。

長女イトヨの家族は変わらず隣家に住んでいて、ダグラスとヘレンの家もすぐ近所だが、それでも久吉は取り残された気がしてならない。息子は父を経済的に支えてくれる。しかし、ダグラスの仕事は、時間が不規則な上に公にできない職務でもあり、宮大工の久吉が大切にしていた伝統芸術や宗教を軍が取り上げたこともあって、二人のあいだに見えない障壁となって立ちはだかっていた。

ハワイ全体に対する軍の締め付けは、多少は弱まってきている。戒厳令は一九四三年に緩和され、一部の民政機能は復帰した(それを強く軍に求めた一人が、ニール・ブレイズデル、ダグラスが昔世話になった野球コーチの〝ラスティ〟だ。元コーチは現在、ホノルル市長である)。しかしながら、それから二年経った今も、軍司令部からの一般命令は解除されず〝人身保護令状〟の発付も停止されたままである。

さらに悪いことに、昨年陸軍は、総工費一六〇〇万ドルをかけて医療施設を建設するため、モアナルアガーデンがあるデイモン・エステート(サミュエル・デイモンが遺した土地)を接収してしまった。和田久吉が建てて一九四二年まで管理をしていた、茶室のある二階建ての日本家屋は取り壊された。ホノルルで久吉が成し遂げた偉業を、彼の精神そのものを、破壊するも同然の出来事だった。

　ダグラス和田は、打ちひしがれる父の姿を目にして、軍と準州政府の横暴に「あのバカ野郎どもめが！」と怒りをあらわにした。

　和田久吉は、拘束されたこともなければ尋問も受けていない。ホノルルのほかの宮大工たちはそうはいかず、ほとんどの者が収容所へ送られている。息子の職業を考えれば、収容を免れたのは驚くことではない。久吉は、ありがたく思いながらも、罪悪感を覚えずにはいられなかった。ホノルルに住むほかの仏教徒や神道信者は、人々の集いの場として寺社を再開する許可を軍に願い出ているが、なかなか聞き入れてもらえないでいた。[1] 嘆願は幾度となく却下され、唯一、戦没者を慰霊するための行事だけが許された。こうした集会は数年のうちに、カルト宗教とも目された「生長《せいちょう》の家」が主導する、信仰療法的な運動へと変貌していった。信仰心の厚い一世たちが息子の写真を持って毎週何百人と集まり、同宗教の祭司に戦場での無事を祈願してもらった。

　ハワイの人たちにとっては、身近で起きている太平洋戦争よりも、この春の北イタリア戦線のほうが個人的な思いは強い。そこでは、第四四二連隊と第一〇〇歩兵大隊の二世兵士たちが、ドイツ軍を撃退するためセニオ川を挟んで激しい戦闘を繰り広げていた。これら日本人部隊は勇猛さと死傷者の多さで知られており、親たちはこの悲劇的で誇り高き滅私奉公の伝統が今後も続くことを恐れている。

　ハワイは、二世兵士の入隊を再び認めるか否かという、国全体に関わる論争の中心地だった。

同地の陸海軍の幹部たちは、ホノルル公民協会を含む複数の愛国者団体からの働きかけを受け、日系兵士の入隊を許可するようワシントンに助言した。

　陸軍では、受け入れを開始する態勢が整っていた。そう決断させたのは、ジロー岩井の功績によるところが大きい。岩井は、破壊分子や妨害工作員を徹底的に捜索し、その結果を詳細に記した極秘の報告書をエモンズ中将に提出していたのだ。岩井は、破壊分子と目される人間を数人発見したものの、妨害工作員は一人も存在しないと結論づけている。エモンズはこの報告書とともに、二世部隊の結成を承認する旨を上層部へ伝えた。

　一九四三年二月、陸軍は第四四二連隊戦闘団を編成し、志願者を募った。当初、軍は本土から三〇〇〇人、ハワイから一五〇〇人ほどの志願を想定していたが、一万人を超えるハワイの二世が名乗りをあげた。西海岸地区で志願したのは、たったの一〇〇〇人程度である。一斉強制収容を断行したことが、本土二世の入隊熱をくじいたのは明らかだった。ハワイの志願者のうち、二六八六人が第四四二連隊に受け入れられている[2]（ダグラス和田は志願者数を知ったとき、セシル・コギンスに言った自分の言葉を思い出して、一人微笑んだ）。

　新兵が訓練を受けているあいだ、軍はもう一つの二世部隊である第一〇〇歩兵大隊を地中海に派遣した。一九四三年八月のことである。「パープルハート大隊」と知られたこの部隊は、イタリア戦線に就いた最初の八週間で、六つの殊勲十字章を授与されている（「パープルハート大隊」と呼ばれた由縁は、パープルハート章（名誉戦死傷章）を最も多く授与された部隊だったため）。第一〇〇歩兵大隊はその後、第四四二連隊に正式に統合され、ともにヨーロッパ各地でいっそう凄惨極まる戦闘の数々を勝利した。[3]

そうした兵士の親である一世たちは恐怖に苛まれ、仏教や神道という心の拠りどころを失っていたことから、多くの人が生長の家に慰めを求めたのだった。この新興宗教が広まっていく一方で、何の罪もない神社は閉鎖されたままである。

この年の時代を映すかのように、当時六八歳の和田久吉も手に大怪我を負った。新聞には「機械による事故」としか説明されておらず負傷の原因は不明だが、宮大工である久吉にとって、これ以上残酷なことはなかっただろう。[4]久吉の左手は、四本の指がほとんど失われてしまった。欄間の硬い木枠に繊細な彫刻をほどこす技術を生涯かけて習得した、その指をなくしたのである。この怪我は、デイモン・エステートから彼のかけがえのない傑作が消失した悲劇にさらに追い討ちをかけた。

それでも、孫が立て続けに誕生すると、久吉の気持ちも上向いた。昨年、ヘレンとダグラスのあいだに長女ゲイルが生まれ、ハナ子にも長女ロレインが授かる。しかし、そんな孫たちでさえ、人生を切り開くため海を渡った移民世代を拒絶する、変わり果てたハワイに生まれた新世代だということを、思い起こさせるのだった。

この戦争でホノルルの人がどれほど犠牲になったのか、それは和田久吉の疲れた顔にもあらわれている。街を歩く久吉は自由の身だ。家族も増え、息子は異国の戦地へ行かずに済んでいる。そうではあるが、この苦難に満ちた数年は、久吉の心と体をぼろぼろにしてしまった。

# 杉並区

## 東京都
## 一九四五年三月一〇日

病院の壁が激しく揺れ、東京に爆弾の雨が降り注ぐ。窓の向こうの暗い地平線にいくつもの閃光が走るのが見え、吉川猛夫は窓際から離れた。

恐怖を感じてはいるが、驚いてはいない。吉川は、帝国海軍を辞する前に軍と政府が崩壊するのを目の当たりにしており、彼の分析眼が爆撃機の到来を見越していた。しかし、もうすぐ父親になろうとしている吉川の背中に、まったく別次元の恐怖がのしかかる。妻は今現在も、押し寄せる陣痛の波と戦っている。夜間空襲の最中《さなか》に生まれてこようとは、何というタイミングだろうか……吉川は思った。[5]

ハワイから帰国後は、軍令部に戻った。竹内馨《たけうちかおる》少将が指揮をとる第三部五課に所属し、敵艦隊の動向を分析する任を与えられたのだ。諜報活動の一環として、神奈川の大船にある極秘の捕虜収容所にいるアメリカ兵捕虜の尋問も行っている。[6]

吉川は当時、ここでのやり方が国際法に違反することを知っていた。しかし、彼は拷問をするほど身を落としてはいない。むしろ予想に反するような人道的なアプローチをとるようにしていた。吉川は、戦争捕虜たちから拷問された話を直接聞いており、虐待を受けた捕虜の口を開かせるには、思いがけない親切が何よりも効果的であることをわかっていたのだ。

しかしまた、諜報部の同僚たちがときどきカッとなって「自信に満ち傲然と構える」捕虜たちを痛めつけてしまう理由も理解できた。その結果、アメリカ兵たちの顔はあざだらけになり、歯を折られる者もいたと、吉川は語っている（生き延びた捕虜たちは、それよりもずっとひどい扱いを受けていたと証言している）。

吉川は、一九四四年七月に東條英機《とうじょうひでき》首相が辞任に追い込まれて間もなく、帝国政府に対する忠誠心を失った。後任の小磯國昭《こいそくにあき》は、日本軍の負けが越している中でも「勝利は我が頭上にあり！」とラジオ放送で豪語し続けた。[7] 軍諜報部隊は、明らかに誤った戦況報告を繰り返し、この惨憺たる戦闘を続けさせている。吉川はそんな状況に嫌気がさして、海軍を辞職したのだ。日本を破滅に導く手助けをするよりも、飛行機を作っているほうがいいと思ったのである。

吉川夫妻が空襲を経験するのは、今夜が初めてではない。昨年の一一月二四日に一一一機のB－29が中島飛行機武蔵製作所を空襲して以来、東京への爆撃がたびたび繰り返されるようになっていた。その飛行機製作所が吉川の職場であり、杉並区の自宅の近所でもある。アメリカの高高度爆撃機は街のいたるところに爆弾を落とし、残っていた日本の防衛産業の拠点を片っ端から破壊していった。彼らの目的は不確かだが、少なくとも軍事施設に標的を絞っているのは間違いなかった。[8]

焼夷弾爆撃は、より無差別的な攻撃であることが判明している。第一波の爆撃機がまず通常の爆弾投下を行い、次に後続機がM69焼夷弾を投下して残った建物を焼き払う。東京のように、主に木と紙でできた日本家屋が立ち並ぶ都市では、焼夷弾で生じる火災が着弾地点より遥か遠くまで燃え広がり被害を拡大させた。

M69は、一発だけで用いられることはない。ケースの中に三八本のM69焼夷弾が詰め込まれたクラスター爆弾（集束爆弾）として投下される。焼夷弾一本は、直径が八センチ、長さ五〇センチの六角形をした剛鉄製の筒で、二・三キロのナパーム剤（ゼリー状の油脂）と時限信管が充填されている。B-29はこのクラスター爆弾を四〇個搭載できるので、一機あたり一五二〇本のM69焼夷弾を積んでいることになる。爆弾ケースは上空六〇〇メートルで開裂し、ストリーマーと呼ばれる約一メートルのリボンのついた三八本の焼夷弾がバラバラに解き放たれる。このストリーマーには落下する爆弾を垂直に保つ役割があり、それによって信管が下方に向けられるために物に衝突すると確実に起爆する。時限信管は作動すると五秒ほど燃焼し、黒色火薬に着火してナパーム剤を炸裂させ、火のついたゼリー状の油脂を最大三〇メートルの距離まで撒き散らすのだ。

焼夷弾爆撃は当初、優先目標を確実に爆破するために、高高度から投下する昼間の作戦だったが、ほとんどが失敗に終わっている。今夜から、攻撃は夜間に切り替わった。頭上を飛んでいく二七九機のボーイングB－29スーパーフォートレス爆撃機は、東京の東部に攻撃の焦点を定めている。大勢の民間人を巻き込むことで、日本政府の抗戦意欲を削ぐのが狙いだ。

吉川猛夫と恵美《えみ》の夫妻は、生まれたばかりの娘を腕に抱いて夜明けを迎えた。三人が病院を出るのと入れ替わりに、凄惨な状態の負傷者が続々と運ばれて来た。推定で一〇万人の日本人が殺され、一〇〇万人が家を失ったといわれている。生き残った人たちは、この一夜の出来事を「東京大空襲」と呼んでいるが、誇張などではない。この戦争全体を通して、単独の空襲では最大数の犠牲者を出した。

吉川の住む地区は東京西部にあり、これまでのところ最悪の空襲からは免れてきた。被災した下町から何十万人もの避難民が流れ出る中、吉川たちは未だ無傷の杉並区へ向かう。彼らは新聞やラジオが故意に触れずにいる大空襲の実状を、地域の人たちに話して聞かせるだろう。強風に煽られた猛火が家々を焼き尽くし、防空壕に逃げ込んだ人たちは煙に巻かれて窒息し、無意味なバケツリレーを続けた警防団は皆焼け死んだ。生き残ったのは、逃げ出せた人だけである。

都民は恐怖の底に落とされた。三月の空襲から四月までに、八〇万人以上が都心から脱出している。駅は人で溢れかえった。都市を守るための措置だとする政府命令に従った親たちが、田舎へ向かう列車に乗せた我が子を見送る悲痛な光景があちこちで目に入る。東京の人々は、街を焼け出されてしまった。瓦礫と灰の中を逃げ延びた人たちは、一帯のありさまを「焼け野原」と表現した。本来は焼畑農業で使う言葉だが、そこはまさに、焼け野原だった。

四月一三日、再び爆撃機が襲来し、吉川と恵美は赤ん坊を抱きかかえて防空壕へ駆け込む。この壕が本当に命を守ってくれるかは疑わしいが、ほかに避難するところもない。吉川は、この空襲が今日没したローズヴェルト大統領への追悼のつもりなのかもしれないと思った。大統領死去のニュースをラジオで聞いた多くの人は、祝杯をあげて喜んでいた。彼らは今、そのことを苦々しく思っているに違いない。[9]

アメリカ陸軍航空軍が「パーディション（堕獄）」と呼ぶこの空襲は、東京をターゲットにした最大の焼夷弾爆撃となったが、ローズヴェルトが死去するかなり前から計画されていたという。三時間半にわたり三二七機のB－29が、二一二〇トンにおよぶ高火力爆弾を東京に投下したのだ。消防隊は、救える可能性のある工場の消火活動に全力を注ぎ、木造の民家は燃えるに任せた。杉並区に落ちる爆弾は少なかったが、東部から迫り来た火の嵐が地区一帯を横切っていった。街は壊滅状態である。約二八平方キロメートルが焼け野原となった。建物一七万五四六棟と住民二四五九人が猛火に飲まれ、跡には平らな焦土だけが広がっている。焼夷弾は、本来標的にされないはずの皇居内のいくつかの建物も燃やしてしまった。住民たちは、人口密集地の都心部に行われる大殺戮に大変な衝撃を受け、皇居の壁の中で燃え盛る炎を前に義憤を抱かずにはいられなかった。

吉川は、この二度目の焼夷弾爆撃のあと、瓦礫ばかりの荒野を歩いてみた。東京は「見渡す限りの巨大な廃墟と化してしまった。どこへ行っても、腐敗臭が漂っていた」路上の人々は食べ物を探し求め、闇市に群がるようになっていく。都民はしばらく前から飢えに苦しんでいたが、今後は餓死する人も増えるだろう。

さらに六四万九〇〇〇人が家を失って東京をさまよい、防空壕に住み着いたり親戚縁者を頼ったりし、あるいは広大な墓場と化す前に東京を必死に脱出しようとする人もいる。

吉川は頑固にも、東京に留まるつもりだ。彼の根っこの部分には、戦争で失われつつあった〝武士道〟の精神がまだ残っているのだ。そして妻恵美も、彼女の強い希望で赤ん坊と一緒に東京に残る。ラジオで政府が話していた「本土決戦」で、自分の役目を果たすのだと言って引かない。彼女のこの選択について聞かれると、妻は「極限の苦難に立ち向かうのが好き」なのだと、吉川は誇らしげに答えるのだった。[10]

## アレクサンダー・ヤング・ホテル

**ホノルル**
**一九四五年六月二〇日**

「沖縄さ」ブラッドフォード・スミスは得意げに言う。「集団投降だ。民間人は落ち着いていて、おとなしく指示に従っているそうだ」

「おめでとうございます」ダグラス和田が、心理戦のエキスパートをねぎらった。「でも驚いてはいないのでしょう?」

「もちろん、驚かないさ!」とスミス。「これが我々の成すべきことで、我々はその道のプロだ。捕虜は七〇〇〇人近くになる。奴らは自決を思いとどまったんだ。〝紙の弾丸〟をばら撒いただけにしては、上出来だ[11]」

それは戦時情報局(OWI)ホノルル支局長のスミスにとって、勝利の瞬間ともいえた。国内向けプロパガンダを作成する部署として知られる戦時情報局だが、日本の兵士や市民に向けた「伝単」(謀略宣伝ビラ)を作る局員もいる。

一九四二年から戦時情報局中央太平洋作戦本部長を務めるスミスは、立教大学の講師として東京に五年間滞在した過去があり、その経験で得た日本に関する知識をもとに戦略を立てていた。一九四四年一二月、スミスは一〇〇人近くの作家や画家、翻訳家、印刷職人などを集めた専門家集団を結成し、日本の一般市民に向けたプロパガンダ広告を作り始めた。戦時情報局は当初、海軍と民間の合同組織として設立されており、ホノルル支局が開局した際、和田も協力を要請されたのである。

戦時情報局での仕事は、日常業務の合間のよい息抜きになっている。和田の本業は、主にハワイから日本へ送られる郵便物の内容確認と検閲だが、これがなかなか不愉快な仕事で、もう一つの業務である傍受無線を翻訳するほうが好きだった。傍受された通信は、蠟管《ワックスシリンダー》に録音して届けられ、和田がそれを解析して書き起こし上層部に送る。「このシリンダー全部――」和田がつぶやく。「翻訳したあとは、どうするんだろうか」

しかしながら、戦争が避けられない結末を迎えようとしている今、そうした作業も日常的になっていた。スミスの心理戦部を手伝うようにという命令は、和田にとっては、普段の退屈な仕事から逃れられる、ありがたい機会なのだった。

宣伝ビラはここ戦時情報局ハワイ支局で作られるが、現在、印刷の大部分はグアム島の近くに位置するサイパン島で行われている。そして現地陸軍航空軍のB-29爆撃機に積み込まれ、ダグラス・マッカーサー陸軍元帥が望む通りの場所に投下される。そうしたビラには、軍需工場で働く民間人に向けたもの（「自宅に留まり生き延びましょう」）や、日本の歴史に残る「名誉ある降伏」を引き合いに出した兵士向けのもの（「軍部はなぜ、明治以来の伝統だった降伏の美徳を捨て去るのか」）など、さまざまなメッセージが書かれている。プロパガンダ担当者たちは、この兵器を「思想の爆弾」とも呼んでいた。

沖縄戦は、初めてプロパガンダを計画の一部として組み込んだ大規模軍事作戦である。集団自決したりアメリカ軍の銃弾に飛び込んだりする同地の人たちのことが報告されているが、降ってきたビラの指示に従うことを選んだ何百人という日本兵たちの集団を撮影したニュース映像もある。今では国務省でさえ、この成果を称賛している。

これでスミスは、彼の策が正しかったことが証明されて、羨まれる立場となった。「今月だけで、六〇〇万部は刷ったぞ」とスミスが言う。「まだまだたくさん印刷しなくては。〝次〟があるからな」

「日本本土侵攻。そして東京、ですね」

「その通り。〝日本人の不屈の意志〟を打ち砕くのが我々の任務だ。……これをどう思う?」

スミスはそう言って、和田に一枚の一〇円札を見せた。ただし、裏面には日本語のメッセージだけが書かれている。「軍部がこの絶望的な戦争を続ければ、あなたがたのお金もじきにこのビラ同様に何の価値もなくなるのです」

和田が微笑む。「これなら必ず目にとまりますね」

桐の葉に似せた伝単の片面には「想」の一文字が書かれていた。

スミスは、もう一枚取り出した。今度のは、色も形も葉っぱにそっくりである。和田は、これが何千枚も、空からヒラヒラ降ってきて地面に散らばるのを想像し、早すぎる落葉は凶兆という迷信を思い出していた。片面には、日本語で「心におもいさだめる」「相手をおもう」などの意味を持つ〝想〟という漢字が書かれている。

和田はそれを裏返し、そこに書かれている文字を読んだ。「アメリカの爆弾は、悲運と不幸を来《きた》すべし」[12]

## 沖縄
### 占領下の日本
### 一九四五年六月三〇日

ウィリスＭＢジープに走れない場所はない、といわれるほどこの軍用車両は頑丈にできているが、さすがにこの道は無理なのでは……と、丸本正二は思い始めていた。たとえジープがこの先も、こんな穴だらけでぬかるみだらけの道に耐えられたとしても、弁護士丸本自身の体が持ち堪えられるかわからない。

丸本は、軍服は着ていないが、アメリカ陸軍の一等兵である。それだけではない。戦闘ではなく復興を任務とする、軍の独立法務官でもあるのだ。

この大物弁護士の、ホノルルから戦争で荒廃したここ沖縄に至るまでの道のりは、第四四二連隊に入隊を拒否されたことから始まった。確かに彼は三七歳だが、兵に不合格になったのは年齢のせいではない。生まれつき足に若干の奇形があることが理由だった。丸本はそれでも諦めず、方向を転換して、陸軍情報部（ＭＩＳ）が実験的試みとしてミネソタ州に開校した日本語学校の仕事に志願した。そこの副校長兼教師として、将来最前線で活躍することになる翻訳者や暗号解読者の指導にあたったのだ。生徒の中には、和田の税関潜入任務時代の友人である村上〝ハンチー〟登もいた。[13]

丸本が初めての海外任務を言い渡されたのは、法務総監法務学校を卒業した直後のことである。沖縄へ赴き、占領軍（主に海軍）の指揮官たちが民間政府を設立するのを手伝うように、と命令を受けた。

今日こうしてジープの限界を試すようなドライブに出ていることからもわかる通り、この仕事はデスクワークなどではまったくない。彼の任務の一つは、難民キャンプや、破壊を免れた村々を回って、新政府に組み入れられそうな民間人のリーダーを探すことだ。沖縄には約三〇万の人がいて、そのほとんどが飢えている。アメリカは、この地とともに「人道的大惨事」も引き継いでおり、これ以上の苦しみを防ぐために、そして未だ継続中の戦争に必要な資源を確保するためにも、一刻も早く民間組織を確立させることが重要だった。

丸本は、ここに来るまでの旅路で、近代戦争がいかに生活に不可欠な基盤を破壊し、その土地の原生の美を台無しにするかを、すぐに思い知らされた。「この島のビーチはワイキキにも勝る」と、丸本は沖縄から妻に宛てた手紙に記している。「景色が素晴らしいよ。自然の景観がここまで破壊されてしまったのが残念でならない[14]」

彼はまた、追い詰められ支援も受けないまま今も丘に潜んでいる日本兵の存在に、緊張を解くことができない。アメリカ軍は、四月にここへ上陸してから三カ月のあいだに、推定一〇万人もの日本兵を殺害した。アメリカ軍のほうも、一万二五〇〇人の兵士の命が奪われている。その中には、サイモン・バックナー・ジュニア中将も含まれていた。丸本が沖縄入りする前の週に、砲弾に倒れたのだ。

視界の隅で何かが動いた。丸本は咄嗟に腰の拳銃に手を伸ばす。が、それはただ、自分たちよりも大きな荷物を担いで泥の中を歩く母と息子だった。その子供を見て、ホノルルの自宅で無事に暮らす息子のウェンデルのことを想った。

故郷のことを考えると、誇らしい気持ちと悲痛な思いの両方が押し寄せる。民間による戦争努力を主導していたころ直面した政治的駆け引きや妥協については、もうあまり思い出したくはない。丸本は、非常時奉仕委員会の中核を担い地域社会と軍との橋渡しをしたが、彼自身が運営する協会や社会団体もまた、管理が必要であり、方向転換や解体を余儀なくされた。

日本人慈善病院の運命も、日本人慈善会の理事の中で唯一拘留されずにいた丸本に委ねられた。真珠湾攻撃当日の医療スタッフたちの勇敢な行動にもかかわらず、この大病院はその根幹となるアイデンティティを失った。名称をクアキニ病院に変更し、日本語の看板を全部取り替え、建物の大部分を軍に貸与することを強いられ、そのすべてを丸本が取り仕切らねばならなかった。

そんな彼が何よりも望んだのは、自身がほかの人たちにも強く勧めていたように、ハワイから離れたところで国に奉仕することである。そしてＭＩＳに志願してそのチャンスを得た。しかし、だからといって、ホノルルのことを考えずにいたわけではない。丸本は、サンドアイランドに収容された友人たちを訪ねている。そこで見た光景にショックを受け「彼らは、抑留者ではなく戦争捕虜として扱われていた……ひどいありさまだと思った。みんな服はぼろぼろで、髭も剃っていなかった」と語っている。

そうした知人友人たちが、今もサンドアイランドにいるか、本土の収容所に移されたかのどちらかだということを丸本は知っている。大変な悲劇に見舞われた沖縄にいてさえ、故郷の現状を考えるのは、なおも辛かった。ホノルルが未だ軍の支配下にあるというのに、自分はここで、他国の民政を再建しようとしている。一度に一人ずつ職員を採用して。なんと皮肉な状況だろうか。

この道を乗り切れたなら、そしてこの先に現れるすべての道を生き延びられたなら、ほんの少しだけ戦争終結に貢献できるだろう。そしてまた次へ、前進を始めるのだ。丸本はそう自分に言い聞かせる。シフトレバーを操作してジープをゆっくり発進させ、ひび割れた洗濯板のような道の上をガタガタと走り出した。二人の民間人のシルエットが、バックミラーに遠ざかる。今日はもうこれで、軍政府の事務所へ戻る。

ひどい悪路にいたぶられ、体中が痛い。それに、あの少年を見たせいで憂鬱な気分になっていた。駐屯地に帰ってきた丸本を待っていたのは、いつも通りのまずい食事とブリキ缶に入った飲み水。狭い宿舎にシャワーはなく、あたりはトラックの往来で巻き上がる砂埃がもうもうと立ち込めている。空気中に含まれる細かい砂利で肌はいつもザラザラしているし、おかげで持ってきた法律書も傷んでしまった。

それでも丸本は、戦争の影響がおよんでいるのは故郷とは別の場所だと実感し、ここにいられてよかったと思う。七月一日、彼は妻に手紙を書いた。「不便なことは多々あるが、文明化した環境で高級な机に向かっていたときよりも、気分はずっといいよ」

## アレクサンダー・ヤング・ホテル

**ホノルル**
**一九四五年八月一四日**

街中にサイレンが鳴り響き、ダグラス和田の体がビクッと反応した。腕時計に目をやると——午後一二時四五分。ハリー・トルーマン大統領の国民演説が始まるまで、まだ一五分もある。誰かが早とちりしたのか、それとも、これから行われる発表を聞き逃す人がいないように、すべてのラジオがついていることを確認したかったのだろうか。しかし、和田を含む多くのホノルル市民にとって、サイレンは一九四一年のあの日を思い出させるため、あまりありがたいものではない。

歓声と車のクラクションが、すぐにその音をかき消した。ダウンタウンの通りには、すでに何百人という人が集まっている。和田の周りでも、大勢の軍人や民間人が手作りの旗を振り、近くにいる者同士で抱き合っている。どのバルコニーにも、どの屋上にも、手を振る人たちの顔がある。ビキニ姿の若い女性や上半身裸の青年を満載した車が続々と通り過ぎていく。路上では、酒のボトルが手から手へと回されていた。ホノルルの人々は、アメリカのほかの地域と同様、この火曜日を勝手に祝日にしてしまった。

街は何日も前から噂に沸き立ち、その盛り上がりようは異常なほどである。大抵の人は、日曜日から祝宴モードだ。戦争がようやく、ようやく幕引きとなるらしく、民衆の歓喜は津波のごとくホノルルを飲み込んだ。

この夏、アメリカが日本に無条件降伏の受諾を促すために、凄惨な地獄絵図が繰り広げられた。これは、一九四五年七月二六日にアメリカ、イギリス、中華民国が最後通牒として提示した「ポツダム宣言」に、日本が応じない場合の結末として予告されていたことである。

しかし、日本の指導者たちが受けることを選んだ苦痛の大きさは、誰も想像しえない、とんでもないものとなった。アメリカの戦闘機は、二月から四月にかけて、東京やそのほかの都市に焼夷弾爆撃を行った。そして一九四五年八月六日、人類は、世界で初めて使用された原子爆弾が、広島の街と住民約一五万人を一瞬で破壊するのを目撃する。長崎も、八月九日に同様の運命をたどった。

今日の午後のホワイトハウスによる演説が意味することはただ一つ。日本が降参したのだ。

午後一時ちょうど、ワシントン時間で午後七時、トルーマン大統領の声がラジオから流れ出した。「本日午後、私は日本政府からのメッセージを受け取りました……八月一一日に国防長官が同国政府に送ったメッセージに対する回答です。私はこの回答を、日本の無条件降伏を規定したポツダム宣言の全面的な受諾とみなします。この回答には、一切の条件も付けられていません。降伏文書への調印を可能な限り早い時期に行うべく、現在調整を進めているところです……」

通りを埋める群衆から大歓声が上がり、和田はそれ以上聞き取ることができなかった。窓という窓から白い紙が飛ばされている。細かく切って紙吹雪のようにする人もいれば、そのままの大きさで飛ばす人もいて、まるで終わりのない紙テープの雨が降り注いでいるように見える。どのビルも空っぽになり、オフィスで働く人も軍服姿の軍人も、みんな祭りのパレードの踊り子と化して大はしゃぎである。列をなして街中をただ喜び勇んで練り歩いている。「パンチボウルからアロハタワー、アドバイザー・スクエアからデリングハム通りまで、静かな場所は皆無である。どこも人で溢れかえっていた」と、『ホノルル・アドバタイザー』紙の記者は書いている。

海軍情報局でさえ、この日を盛大に楽しむようにと、ほとんどの職員を解放した。和田はこれから、興奮状態の群衆をかき分けながらカマ・レーンの自宅に戻ろうと思う。カマ・レーンは今、安堵と混乱とが入り混じっていることだろう。今は街中が喜びに沸いているが、この先、特にホノルルの日本人に対して、どんな嫌がらせが起きるかわかったものではない。ヘレンと幼いゲイルのいる自宅だけが、和田にとっては唯一安心できる場所だった。

キング通りには人の川ができていて、その流れに押されるがまま自宅のある北へ向かう。周りは、騒音と紙吹雪の嵐である。バーはまだ閉まっているが、レストランは営業していて大変な混みようだ。群衆に脅威は感じられず、暴力沙汰の気配もない。和田に握手を求めてきたり、背中を叩いていったりする者もいるが、大半の人は何もしてこなかった。

カパラマ運河を過ぎると、人込みは減った。とはいえ、どの通りでもパレードが行われているようだ。それでも、どんちゃん騒ぎの輩を詰め込んだ車が、窓から紙テープを投げながら通り過ぎるスペースは、ある。水兵や女性をたくさん乗せたトラックもあって、みんな荷台で踊ったり、酒を煽りながら旗を振ったりしている。そのうちの一台などは、上半身裸の男が運転台の屋根に上がり、ブリキのゴミ箱の蓋を二枚シンバルのようにして鳴らしていた。それどころか、ゴミ箱本体を後ろのバンパーにくくり付けて、ガラガラ派手な音を立てながら街中を引きずり回している車も一台や二台ではない。和田はその光景を見て、こりゃあ清掃局は大変な戦争をしなくちゃいけないぞ、と思う。

勝利を祝うお祭り騒ぎは、数日にわたって続いた。

戦争は終わったのだ。サンドアイランド収容所は閉鎖される。ほかの収容所へ移送されたハワイ住民も、じきに戻ってこられるだろう。和田は、その中に裏切り者の事代堂もいるのだろうかと、考えずにはいられない。ホノルルの日系コミュニティが受けた傷は、あまりに深かった。先週和田は、八月五日付の『ホノルル・アドバイザー』紙に掲載されていた風刺漫画を見つけた。

出っ歯の男が、炎に包まれ死体が散乱する瓦礫の山と化した東京の街に立ち、「皆、新しい戦勝神社の建立に集まったのかな……でもどこに？」と問いかける。

同紙の対日戦勝祝賀記念の特集記事（八月一五日発行）の中で、記者のイレイン・フォッグは次のように記している。「一九四一年一二月七日、現在のヴィクトリー・クラブ（勝利倶楽部）は、まだハウス三越であった。昨日私は、喜びに沸くＧＩたちを満載した同クラブのエスカレーターが重たそうに上がっていくのを見て、当時から今日に至る変化を思い、大変嬉しくなった」[15]大半の〝ハオレ〟の考え方にこうした感情がある中で、ここにいる日系人たちはいったいどうしたら立ち直れるのだろう？

和田は、戦時中の彼の任務に対する、彼自身のコミュニティの反応も気になっている。これについては、岩井とたびたび話し合ってきた。拘留を解かれ戻ってくる人たちは、自分たちを収容所送りにした組織の協力者である和田と岩井を、どう見るだろうか？　岩井は陸軍に所属し、拘留予定者のリストの作成に直接関わっていた。彼がどれほど日系人の忠誠を証明するために働き、どれほど二世の兵役促進に尽力したかなどつゆ知らず、二世コミュニティは岩井を疎外しようとするだろう。

岩井は言う。「すべてが終わって落ち着いたら、みんな私がここに留まることをよく思わないかもしれない」

「そんなのクソ喰らえ、ですよ」和田は岩井を慰めようとした。「岩井さんはここでずっと暮らしてきたんです。ほかにどこへ行くというのです？」

ここを去るという話が出て、和田も自身の職業の行く末を思う。これまでのキャリアはすべて、日本がもたらす脅威への対処に焦点が当てられていた。彼が日系二世だからこそ、ここハワイで特別な有用性があったのだ。戦争が終わった今、次はどんな役割を担うことになるのだろう？　朝鮮や中国でも語学訓練を積んでいることから、今後はホノルルから遠く離れたところへ派遣されるかもしれない。大人になってからの人生すべてがここにあるというのに。考えただけで気が滅入った。

## 東京駅

東京
一九四五年九月五日

吉川猛夫は、恵美をキツく抱きしめていた腕を緩めた。二人の周囲を取り巻く仮設駅の喧騒も、今はほとんど耳に入らない。東京駅は、破壊されてしまった。屋根も、美しいクーポラ（ドーム型屋根）も赤煉瓦のファサードも、すべて爆弾で吹き飛ばされ、火災で焼失した。それでも、一部の列車は仮設のホームを使って運行していた。[16]

恵美と娘は、これから列車に乗り込む。四国松島近郊の村、夫妻の故郷へ向かう旅路の第一歩である。吉川は一緒には行かない。「胸が張り裂けそう」だった。

三日前、日本が正式に降伏して以来、吉川は不安に怯えている。東京湾で行われた降伏文書の調印式を合図に、日本の軍人に対する戦犯追及が始まるのではと恐れているのだ。吉川は、五課に勤めていたときの上司だった竹内馨少将と時折会っている。彼とは退役軍人仲間ということで交流を続けており、自己防衛の考えを同じにしていた。竹内は、地下に潜伏するつもりだと言う。

吉川は、〝地下に潜伏〟という響きが気に入った。危険から身を隠し、占領に対して黙して抵抗する〝受動的攻撃〟である。それには犠牲が伴う。それが、恵美を四国へ行かせるという選択だった。妻はもちろん、夫の言いつけに従い帰郷を承諾したが、本当は不満であることを強く表明している。これまで、大変な苦難や危険を一緒に乗り越えてきたのだ。そんなに簡単に離れられるわけがない。しかし吉川は、自分が追われる身であり、生き延びるためには姿を消すしかないのだ、と恵美に言い聞かせた。彼女が無事である限り、自分にはそれができると思う。

別れは心底辛かった……が、二人が去ると同時に、吉川は「足手まといを拭い去って、ホッとした」家族がいなければ、「〝吉川猛夫〟を捨てて、どんな身分にも偽れる」ある意味、かつての栄光の日々を思い出させる人物——誰よりも頭脳明晰な潜入工作員——を再び生きることで、屈辱的な敗北から逃れようとしていた。

吉川は、預金の二万円を受け出し、身を隠す。そして、東京郊外で米と落花生を買い込み、闇市のトラックを借りて都内に運び込むと闇商売を始めた。しかし、九月一一日にダグラス・マッカーサー元帥が東條英機元首相を含む数十人の政治家や将校らの逮捕を命じたことで、自分にも追跡の手が伸びるのではないかという不安が高まった。これが全面的な一斉検挙の幕開けかもしれない。巷では、占領軍が吉川のいた捕虜尋問部隊のメンバーを起訴するために探し回っているという噂が飛び交っている。

吉川が心配しなければならないのは、五課の虐待行為だけではない。もし裁判となれば、捜査官らは彼らが捕まえたのが真珠湾に地獄をもたらしたスパイ「森村正」だということに気づくだろう。「そのときは、奴らの報復を受けるに違いない」[17]

東京の闇市で働けば人目を引いてしまいそうなものだが、恵美を養い自身の逃亡生活を支えるためにも金が必要だ。吉川は、ガソリンの販売に事業を広げ、復員兵を何人か雇って町外れの厚木航空基地までガソリンを仕入れに行かせている。これはかなり儲かるが、いつまでも続けられないことはわかっていた。

ある晩、竹内馨と酒を飲んでいると、元少将は、軍令部五課の元司令官が逮捕されたと耳にしたと言う。二人は、いよいよ姿を消すときだと頷いた。そして固く握手を交わし、それぞれの道に歩みを進めたのだった。

吉川は、闇市で稼いだ金の大半を妻に送り、駅へ向かう。アメリカ人兵士たちが、我が物顔で

1945年4月中旬、空襲後の旧東京都牛込区市谷付近の道路。

極東国際軍事裁判（東京裁判）の法廷となった旧陸軍省の外観。

騒いでいる。「怒りをグッと堪えて、首都を出る列車に乗り込むことだけを考えた」と吉川はのちに記している。

列車に揺られて三時間、東京から一八〇キロのところで下車した。今まで訪れたことのない、誰も知る人のいない、静岡の海沿いの町だ。吉川は、疲弊した心を抱え、あてもなくさまよい歩いた。富士山の眺め、駿府城の堂々たる姿、その美しさに目を奪われる。しかし、通りには食べ物を漁る、痩せこけてボロを纏《まと》った人々で溢れている。「彼らの顔は……老けて、青黒く、弱々しい。あたりを見回せば、戦争の傷跡がいたるところに見られた」

幸い、宿に泊まるくらいの金はある。その夜は、これまでの人生が思い返され、自責の念に苦しみながら悶々と朝を迎えた。静岡には、吉川が救いを得られそうだと感じた場所が一つだけあった。龍潭寺という禅寺である。翌日、早速この寺に出向き、境内の掃き掃除を申し出た。そして居座るようになり、薪割り、清掃、托鉢などの合間に、僧侶たちに混ざって禅修行も始めた。

また、「碧舟《へきしゅう》」という法号も付けた。「碧石の舟」である。吉川は、僧侶の一人にその意味を尋ねられ、「碧く苔むした石で作った舟は、海底に沈座したまま二度と浮かびあがりません」と答えている。[18]

ホノルル・スター・ブレティン新聞

一九四五年九月一七日　　海軍、ダグラス・T・和田氏に功労賞を授与

パールハーバー　九月一七日発＝海軍はこの度、日系民間人としては初となる民間功労賞をダグラス・T・和田氏（ホノルル、カマ・レーン一〇四二番地）に授与し……［中略］。同氏には、合衆国海軍第一四管区司令官シャーウッド・A・タフィンダー中将より、表彰状と感状が送られ……［中略］。授与式に出席したのは、合衆国海軍区情報将校ペイトン・ハリソン予備役大佐、海軍情報局国外支局長デンゼル・カー予備役中佐、海軍翻訳主任イェール・マクソン予備役少佐、他。

感状には次のようにある。「一九四一年一二月七日より一九四五年八月一四日まで、第一四海軍区情報局上級翻訳者として従事した貴殿の功績を称え、ここに表彰す。ダグラス・T・和田氏は、日本語文書の翻訳、日本人の聴取、伝単の作成などにおいて、海軍の最善の利益のために率先して行動し、勤勉に働き、忠実なる献身を尽くし、大日本帝国に対する戦争遂行に多大な貢献をもたらしたものである」

# アレクサンダー・ヤング・ホテル

ホノルル
一九四五年九月二〇日

「トルーマンが戦犯裁判をどうするか決めたというのは聞いただろう？」デンゼル・カー中佐が言う。

和田は、第一四管区情報局の言語学者を見つめた。話していることは理解できるが、その話題を選んだ意図がわからない。ハリー・トルーマン大統領は度重なる議論の末、大日本帝国の軍人や政府高官を、マッカーサーの軍事法廷ではなく新たに設立した国際刑事裁判所に出廷させることを決定した。「ニュルンベルクに設立しているのと同じのですね[19]」

「それとは少し違うんだ」カーが続ける。「実はな、日本の戦争犯罪者の訴追を手伝うことになってな。それで、東京へ行くんだ。何年かぶりにあの街に戻るのさ。マクソンも一緒だ」

「はあ、おめでとうございます」和田が儀礼的に言う。内心、悪夢のような任務だと思った。「少なくとも、この戦争を起こした責任者たちを首吊りにするチャンスは手にできますね」

「そう思うかい？　それはよかった」カーが微笑む。「君も、行くんだよ」

和田は、胃がズシンと重くなるのを感じた。そして、カーが詳しい内容を話し始めると、その重みはいっそう増した。それは極東国際軍事裁判と呼ばれていて、日本のトップクラスの指導者たちの戦争責任を追及する場である。カーと和田は、証拠の翻訳を手伝ったり事情聴取に立ち会ったりするだけでなく、裁判に関わる膨大な仕事を処理するための翻訳チームを編成する必要がある。「三カ月だけの臨時任務さ」

「どのトップクラスの戦犯者を担当するのです？」和田が尋ねた。

「東條以下、全員さ」

和田は、実のところ行きたくはないのだが、ボスのお墨付きの任務とあっては断るわけにもいかない。歴史的意義の大きい、名誉ある抜擢である。秀でた仕事をして期待に応えなければならない。大きなプレッシャーのかかる状況下で、相談役であり、管理者であり、リーダーであることも求められる。

それでもまだ苦労が足らないというのなら、これから家に帰って、戦争は終わったというのになおも日本に派遣されることを、ヘレンに伝えるという試練も待ち受けている。

するとカーは、含みのある口調でこんなことを言う。「日本に行くのなら、やれることはもう一つある。ここにいる何人かは、古いご友人を探してはどうかと言うんじゃないかな」

和田は少し考えた。「たとえば、基地の写真を撮るのが好きだった領事館の誰か……ですか？」

「その通り」カーが答える。「例のスパイさ」

「森村正」和田は、憎しみを込めてその名を口にした。ハワイにいるほかの軍情報機関やＦＢＩの人間と同じで、和田も、森村を含む総領事館の幹部たちが真珠湾攻撃への関与に対して何の咎めも受けずに日本へ戻っていくのを、いまいましい思いで見ているしかなかった。森村は和田たちが扱う〝トップクラス〟の戦犯者ではないが、身元を突き止めて別の戦争犯罪委員会に引き渡すのをためらう理由は何もない。

「わかりました」和田は決意した。「あの悪党を見つけ出しましょう[20]」

# 第八章　ユス・ポスト・ベルム　戦後の正義

1

## 市谷地区

東京
一九四五年一一月一八日

ジープの座席から見た終戦後の東京は、断片的なイメージを集めて並べたばらばらのパッチワークのようにダグラス和田の目に映っている。

市谷地区は、ところどころに平穏な日常が戻っていた。ホノルルのダウンタウンにいるような、芝生に座って話をするアメリカ兵と若い日本人女性のカップルも何組か見かけた。街には木々が生え、無キズの建物も思いのほか多く、露店が並ぶ通りを商人や兵士が行き交っている。

和田はジープのハンドルを切り、瓦礫のあいだを裂くように延びる未舗装の、灰まみれの道路へと逸れた。よろよろとリヤカーを引いていたり、道の隅を虚ろな目で歩いていたりする、痩せこけた人々の横を通り過ぎる。この道はまるで、東京の〝生きた場所〟と〝死んだ場所〟とを分ける境界線のようである。

「焼け野原……」和田は呟いた。

かつては世界有数の人口密集都市だった。しかし今は、元の形もわからなくなった瓦礫の小山や、その中に時折現れて無言で立ち尽くす電柱以外は、何も残っていない。和田を取り囲むこの荒涼とした平地に、いったいどれだけの死体が埋もれたままになっているのか。誰も知る由もない。あるいは、焼け焦げて灰になり、焦土の一部と化しているのやもしれない。

和田は、灰色の荒野の中から、戦火を免れた丘がこんもり盛り上がるのを見つけた。そこが彼の目的地、靖国神社だ。この神社は、一八六九年六月、国家のために殉難した人の霊を祀るため、明治天皇の命により建立された。戦時中、ここを参拝する伝統は、天皇への献身を象徴するものとして変化した。神風特攻隊のパイロットたちは、出撃の前に「靖国で会おう」と言葉を交わし、飛び立っていったという。ここがその、靖国だ。

こんなに目立つ丘の上にあるのだから、確実にB−29の標的にされそうなものだが、東京の建物の中でも規模が大きいものの一つであることから、アメリカは占領軍の司令本部として使えるかもしれないと考え破壊せずに残したのだ。現在は放棄され、中には誰もいない。連合国軍総司令部（GHQ）は先月、靖国神社を焼き払い、ドッグレース場を建設する計画を発表した。しかし、カトリック教会のブルーノ・ビッテル神父やパトリック・バーン神父をはじめとする、東京の宗教指導者たちが異を唱え、この構想は立ち消えとなった。

神社の入り口に着くと、「連合軍関係者および車両の立ち入り禁止」という看板が和田を出迎える。見えるのは、砂利の敷かれた広い参道のみだ。参道を縁取るイチョウ並木が、戦争があったことを微塵も感じさせない。その戦争を讃美するための場所に植わっているというのに。木製の大きな鳥居が仁王立ちしているが、その足元は、坂の向こうにあって和田からは見えない。豪華な本殿は、そのさらに奥にある。

ジープの前を、年配の夫婦が伏せ目がちに通り過ぎていく。不自然なほど痩せていて、本当は見た目よりも若いのかもしれなかった。ゆっくりと歩く二人の姿に、自分の父と亡くなった母が重なる。和田は海軍の制服を着ていた。予備役も、現役復帰を命ぜられると階級章を付けた軍服を身につける。この夫婦は、敵兵の格好をした日本人を見て何と思うのだろう？　しかし彼らは、まるで和田が幽霊であるかのように、こちらには一瞥もくれない。二人は参道の入り口まで来て立ち止まり、三度礼をした。そして、先ほどの看板の横を過ぎ、鳥居に向かって静かに歩いて行った。

二人の後ろ姿を見ていると、悲しみ以上の何かが込み上げてくる。和田は、東京の廃墟のような街を見て回るうちに、現在の任務を遂行するために必要な、ある感情を取り戻した。怒りだ。日本軍の幹部たちは、自分たちが負けたことを知りながら、プライドが高過ぎてそれを認めることができなかった。挙句、その代償を国民に払わせたのである。

市谷の事務所に戻るのに、三〇分かかった。以前は帝国陸軍省だけでなく、陸軍参謀部なども置かれていた建物だ。現在は、極東国際軍事裁判の法廷と、検察側と弁護側の事務所として使われている。この建物が爆撃を逃れたというのも皮肉な話だ。

和田はゲートまで進み身分証を見せると、敷地内の駐車場へジープを走らせた。目の前に、ドラマチックなアール・デコ建築が現れる。『メトロポリス』という古い映画の中で見たような感じのする建物だ。[2] 日本のニュース映像や新聞の写真で見覚えのある、白い石造りのアーチになった玄関が特徴的である。戦時中、よく、司令本部への訪問客を出迎える東條英機首相を撮影した画の背景になっていた。現在は、その東條の執務室を、オーストラリア人のウィリアム・フラッド・ウェッブ裁判長が執務室として使っている。

和田は、国際検察局が置かれている三階へ向かった。[3] 一一カ国の検事が集まり、一〇〇人を超える容疑者を取り調べて、今後の戦争犯罪裁判で誰を被告とすべきかを判断するという、壮大な仕事に取り組んでいる。被害者、目撃者、加害者の供述を取り、書面に書き起こす必要があった。戦争日誌、軍命令録、そのほかの押収された文書も精査しなければならない。宣誓供述書や証言録取書、法廷に提出する証拠書類、弁護団が作成する膨大な書類は、すべて正規翻訳者による処理が必要だ（証言録取（デポジション）とは、証人が、裁判所以外の場所で、宣誓のもと、後日裁判で使用されるための証言をするという、アメリカの訴訟手続およびその記録）。

これほどの仕事を二人だけで対応することはできないので、和田とカーは、翻訳作業の中核を担う経験豊富な翻訳者のチームを結成するために、国際検事団よりも先に現地入りしたのである。この戦犯裁判の影の推進力となる主力翻訳者のポジションに、総勢一〇〇人近くが割り当てられる予定だ。

スパイ狩りのほうはというと、うまくいっているとは言い難い。アメリカ海軍をスパイする者は帝国海軍の訓練を受けている可能性が高いので、和田は日本軍の入隊者名簿をチェックしてみたが、森村正の名前は見つからなかった。日本に森村の記録が一切存在しないのだ。まるで架空の人物を追っているようだった。[4] 名前がなければ、この荒廃した日本で誰かを見つけ出すことなど不可能だ。それに、死んでいる可能性だって大いにある。捜索は難航した。

正義を追求したいなら、今は自分の目の前の仕事に満足するよりほかはない。ここへ来てまだ数週間だが、最初にこの任務に対して抱いていた嫌悪感は薄れつつある。敗戦は避けられないと知りながら、自国民に言葉では言い表せないような苦しみを味わわせた者たちを罰するチャンスを得られたことに、和田は感謝すらし始めていた。森村は和田の手の届かないところにいるかもしれないが、東條やほかの戦犯者たちは違う。

そして、プロフェッショナルとしての決意が揺らぎそうになったなら、いつでも東京の焼け野原を訪れて、怒りの感情を取り戻し、やる気を奮い立たせればいい。

## 旧大日本帝国陸軍省庁舎

**東京**

**一九四五年一一月二八日**

米海軍技術調査団

取調第一〇号

日付：一九四五年一一月二八日

場所：連合国最高司令官総司令部艦隊連絡部（FLTLOSCAP）[5]

件名：真珠湾攻撃

取調対象者：源田実大佐（真珠湾攻撃時、南雲忠一大将の航空参謀）

　取調官：米海軍予備役ロビンソン大佐、同予備役ペイトン・ハリソン大佐

　通訳：ダグラス和田

源田実は小柄な男だが、取調室を満たすような圧倒的な存在感を放っている。体は微動だにし

ないが、目が部屋中を素早く泳ぎ回っている。緊張からではなく、日頃から観察力に秀でているのだろう[6]。

「奇襲攻撃の構想は、一九四一年二月初旬に山本長官と第一一航空艦隊の大西《おおにし》中将との会話から生まれたものであります。私はその場におりました」源田が言う[7]。

隣に座るダグラス和田にとって、戦争はさまざまな局面を経て一周し、振り出しに戻ったようである。一九四一年一二月七日以来、戦争は、彼の人生を、そして彼の家族や地域の人たちの暮らしを一変させた。そして今、その発端となった真珠湾攻撃の立役者の一人と対面している。

あの攻撃は国際平和の侵害であり、アメリカはそれを日本の戦争犯罪の一つとして立証しようと躍起になっている。源田の証言は、奇襲攻撃と日本の司令部とのつながりを示す極めて重要な証拠となり得るが、彼は弁護側の証言録取も受けることになっている。

「私は、山本長官が『もしアメリカと戦争になったら、ハワイの太平洋艦隊を壊滅させなければ、我が軍に勝ち目はない』と言ったのを覚えています」和田が源田の言葉を通訳する。「それから私たちは、そのことについて話し合いました。長官が大西中将に攻撃計画を立てるよう指示し、私はその計画を評価するために呼ばれました」

「あなたは、攻撃が計画されていることを知っていた数少ない中の一人だったわけですね」和田が今度は、主任取調官としてソルトレイクシティから来日したペイトン・ハリソン予備役大佐の言葉を訳す。

源田は、真珠湾攻撃の立案に深く関わった一四人の名前と階級を明かした。「山本大将、宇垣《うがき》中将、南雲中将、山口《やまぐち》中将、奥坂《おくさか》中将、大西中将、草鹿《くさか》中将、黒島《くろしま》少将、私（源田大佐）、小野《おの》大佐、それから海軍参謀では福留《ふくどめ》中将、富岡《とみおか》少将、佐薙《さなぎ》大佐と、三代《みよ》大佐です」

源田によれば、これらの将校たちは九月一日に東京・青山の陸軍大学に集まって、極秘の「図上演習」を行い攻撃計画を精査したという。連合艦隊司令長官の山本は、一一月一五日にようやく計画を承認し、南雲中将に計画書を渡したそうだ。

一一月二二日、南雲機動部隊は択捉島に集結し、二六日の朝に作戦実行のため出航した。艦隊は、気象状況の許す限り海上で燃料補給を繰り返しながら、速力一二ノットから一四ノットで航行している。「燃料タンクは常に満タンにしておくことになっていました」と源田は言った。

嵐で作戦の遂行は容易ではなかったが、悪天候は始めから予測されており、真珠湾に接近する航空隊の姿を隠してくれるので都合がよかったらしい。「ほかの船舶に出くわすことは想定していませんでしたし、霧が深い上に海は大時化でしたから、視界が悪くなることは予測済みでした」と源田が補捉した。

会話がオアフ島に関する情報の入手経路に触れると、和田の耳はすかさず反応した。「出発してから二度、真珠湾内に停泊中のアメリカ艦隊の配置を伝える電報が、東京の軍令部経由で届きました」源田が思い返す。

「それは、いつでしたか？」和田は慌てて聞く。新たな情報を得られるかもしれないし、ホノルルのスパイ網に関する詳細を期待して気が急いた。

「この件に関する二回目の通信は、攻撃開始の三日前の、一二月四日だったと記憶しています」

和田は今、真珠湾攻撃の詳細を、相手側から聞いている。機動部隊は、ラナイ島西端の北約三二〇キロの地点で航空隊を発艦させた。空母群の前方一六〇キロに三隻の潜水艦を縦一列に配置し、全速力で南下を開始した。このときの潜水艦の水上航走速度は二三ノットである。航空機や艦船を発見したら潜水して姿を消し、安全が確認できたらまた浮上する。

作戦開始の瞬間が近づくにつれ、源田もほかの隊員たちも、奇襲という作戦の性質を維持できているという自信を深めていった。しかし、命令に揺らぎはない。たとえアメリカ軍が臨戦態勢に入ったことがわかったとしても、攻撃は続行される。和田はまた、空の反撃から空母を守るために残された戦闘機が、わずか三九機だったという源田の話も興味深く感じた。

パイロットたちは乗員待機室に留まり、奇襲攻撃は大成を収め、艦隊は何の妨害も受けずに帰っていった。「すべては――」源田が静かに言う。「計画通りに運びました」[8]

その言葉に、そこにいた誰もが源田の苦渋の思いを感じずにはいられなかった。情報収集から計画、早期の実行まで、真珠湾作戦はほぼ完璧だった。しかし、最も狙うべきターゲットを逃し、海軍基地を壊滅するにも至らず、アメリカという眠れる巨人を完全に目覚めさせるのに十分な傷を負わせてしまっただけだった。源田はこのことを、誰よりもよく知っている。

聞き取りは、歴史的に非常に重要な証言を得て締めくくられた。一二月七日に帝国海軍が行った攻撃の一部始終である。源田によれば、日本は二九機の航空機を失い、そのほとんどがアメリカ軍の反撃に遭った第二波攻撃でのことだった。

取り調べが終わり、双方が丁重な別れの挨拶を交わしているとき、大佐の一人が和田に「ダグ、彼に真珠湾を爆撃したことを後悔しているか聞いてみてくれないか」と頼む。

源田は悲しげな笑みを浮かべ、短く答えた。

「彼は……」和田が訳す。「『攻撃を一度きりで止めるべきではなかった』と言っています[9]」

## 極東国際軍事裁判（東京裁判）

**東京**
**一九四六年四月二九日**

国際検察局は今日、冒頭陳述を行うが、裁判が始まるまでにはまだ一週間はかかる。この調子でいくと、一九五〇年まで東京を離れられないかもしれないと思い、ダグラス和田は辛くなってきた。

検察は、A級犯罪に対する被告人を二八人に絞り込んだ[10]。ここでの戦略は、戦争犯罪に加担した日本の指導者全員を有罪にするのではないところにある。検察側は、さまざまな場所で同じような残虐行為のパターンがあったことを立証しようとしている。最上層の指揮官たちが領土拡張戦略の一つとして故意に戦争犯罪をなしたというのが、彼らの核となる主張だ。戦場であまりに多くの命令書が出されていることも納得がいく。

最上層部の人間だけを裁くという東京裁判のアプローチは、最悪の戦争犯罪に責任があるほかの多くの指導者が処罰されないことを意味した。軍の高官たちでさえ、起訴を免れることになる。源田実もそのうちの一人だ。彼は、検察側と弁護側の両方に、証言録取書を提出している。総理大臣、最高司令官、外務大臣らが、侵略戦争の実行、殺人、拷問や強制労働といった人道に反する罪など、合わせて五五の罪状で訴追された。検察は、戦争犯罪が組織的なものであったこと、軍隊が残虐行為を行っていたことを被告人それぞれが知っていたこと、またそれを止める権限を各自が有していたことを証明しなければならない。

マッカーサーが日本の軍国主義者たちに用意した罰は、この裁判だけではない。GHQ最高司令官は、帝国陸海軍を解体し、元軍人が政府のいかなるレベルの役職に就くことも禁じた。また、彼は、日本の拡張主義を支持した地主や、大日本帝国の軍事機構の構築に協力した財閥にも狙いを定めている。

今、マッカーサーの名前はそのまま権力を意味する。和田は、民衆が天皇崇拝にも似た賛美を、このアメリカ人元帥に向けているのを目の当たりにしている。毎日大勢の人がマッカーサーを一目見ようと、ＧＨＱ総司令部本部が置かれる第一生命館の前に群がる様子は、さながらかつての皇居前のようである。[11]

しかし、この裁判がこれほど長引くとは……和田は、まったく予想も、望みもしていなかった。検察が法廷立証をすべて終えるのに、二〇〇日近くかかるという。それを聞いただけでも、審理の開始が来年になることは想像に難くない。

和田とカーは、とんでもない人数ではあるが効率的に機能する翻訳者集団を主導している。その集団を一〇〇人ずつ、四つのセクションに分けた。翻訳団の大半は東京都民で、和田は思いがけず何百人という日本人の上司になったことになる。また、各セクションには、日系二世の監督官が三人付いて翻訳の訂正などを行うが、そのほとんどは陸軍情報部の語学学校の卒業生だ（残念ながら、ハンチーはその中にいない）。

和田は、全セクションの副指揮官である。彼の元に届く書類を、納期を決めて各セクションに割り当てる。そして監督官から上がってくる翻訳済みの書類を点検したのち、カーに提出し、検察局に送ってもらうのである。

日本人翻訳者たちと接する中で、和田は次第に、少なくともいくつかの点で、彼らに共感を覚えるようになった。戦争犯罪訴訟にソ連が発言権を持つことに関しても、同国が首を突っ込む筋合いはないと感じている。東京でソ連人のために翻訳をするよう命ぜられた際、彼は事務処理をわざと滞らせて、日本人スタッフたちを喜ばせた。

当初は三カ月だったはずの任務期間が、月を追うごとに延びていく。その間、和田は東京が徐々に回復していく様子を見守っていた。街の復興に携わろうと、住民たちが疎開先から続々と戻ってきた。時折、損壊した建物を解体する爆破音が遠くで聞こえるが、街の瓦礫は数カ月のうちに撤去されていくだろう。その一方で、建設工事の賑やかな音が、未来への期待をのせて空に響き渡っている。

和田は、〝焼け野原〟のライフサイクルの一環として、この再生があるのだと納得する。

それでも、苦しんでいる日本人に対する占領軍の横柄な態度や、生きるのに必死な女性たちを食い物にする米兵たちの搾取的なやり方を目にすると、胸くそ悪くなった。また、日本人同士でも、闇商売人や犯罪組織が幅を効かせ、弱い立場の者への横暴が蔓延していた。

秋になるころには、なかなか家族のもとへ返してもらえない不満がピークに達し、ある陸軍大佐と衝突したことで、和田の怒りがついに爆発した。この将校にプライドを傷つけられたと感じた和田は、「自分にあれこれ指図してくる」とカーに文句を言った。

「私はあの人の部下ではありません。命令される謂れはないはずです」和田は興奮を抑えきれない。

「大佐は君の仕事を邪魔しているのかね？」

「いえ、でも、私をアゴで使おうとするんです」

「ダグ……」

「そもそも、三カ月の任務だと言われてここへきたのに、もう七カ月ですよ！　もう限界だ。私はハワイに帰ります。どのみち連中は、私の態度が気に入らないんですから」[12]

一一月、法廷では検察側立証が未だ続けられていたが、海軍が彼をハワイに呼び戻すと聞いたとき、和田は喜びこそすれ驚きはしなかった。裁判の結末は、新聞で読むことになるだろう。[13]ようやくホノルルに戻れることになった。ヘレンと、二歳になった娘のゲイル、そして第一四管区情報局での仕事が待つホノルルへ。

## アレクサンダー・ヤング・ホテル

**ホノルル**
**一九四八年二月一八日**

ダグラス和田は受話器を置き、呆然とした。ある情報筋から、古い名前を聞いたのだ。和田は機密文書にすら情報元を明かしていないが、リチャード事代堂が再び現れたことを、その電話は伝えてきたのだ。[14]

真珠湾のスパイ狩りは、今の彼の仕事ではない。このごろは、主に商船の乗組員を中心に、真珠湾の海軍基地に出入りできる者に共産主義者がいるかどうかの調査に集中している。地元の共産主義者問題のエキスパートとなることで、管区情報局での地位を高めようとしていた。ハワイのほかのすべてがそうであるように、ここでの社会主義の歴史は本土のそれとは異なる。

日系の共産主義者について理解するには、社会主義者たちがついにハワイに足がかりを見つけた一九二〇年代の、サトウキビ農園労働者によるストライキの知識を深める必要があった。この社会主義とハワイとの直接的なつながりは、地元の労働運動の歴史をまだ詳しく調査していない諜報機関にとっては新情報である。和田はすでに、研究で知り得たことを『ハワイにおける共産主義の略史』と題した一冊の本にまとめようとしていた。

和田の軍での評価は高く、このような研究成果を発表すれば、今よりも良い任務に就けることが期待できる。海軍が自分の仕事に満足しているという自負があった。彼の上司たちは、内部書類を操作してまで彼を情報局に留めているのだ。予備役であり特別諜報員でもある彼は、状況によって民間人と軍将校の顔を使い分けながら捜査を行うことができた。[15]

友人や同僚たちは、和田が軍人として振る舞うことのほうが多いと感じているが、大半の諜報員は可能な限り自分の職位を伏せるので、当然といえば当然である。また、ホノルル社会の〝空気〟も考慮する必要があった。陸軍の情報将校と違って、海軍士官というだけで強制収容の選定リストや深夜の拘束の責任者に結び付けられることはまずない。

しかし、彼の戦時中の任務とホノルル社会とのあいだには、どうにも縮められない距離ができていた。先ほどの同僚たちは、和田が日系コミュニティの一部の人たちから疎外されていると耳にしている。街には、特に収容所からの帰還者や信心深い一世のあいだで、遣り切れなさや憎しみといった感情が渦巻いていた。

和田もまた、真珠湾作戦の責任から逃れて姿をくらましたスパイたちを思うと、憎しみが込み上げてくる。彼はしばらくのあいだ、日本総領事館のスパイを車で島中案内していた裏切り者の元二世領事館事務員のことを忘れていた。事代堂は妻のジョアンとともに、ユタ州やカリフォルニア州の収容所で戦時中を過ごした。事代堂は、真珠湾のスパイ活動への関与を、FBIと抑留者審問委員会に告白している。それなのに、陸海軍とFBIによる執拗な調査と審議のあとでも、彼はいかなる罪にも問われていない。

一九四五年一二月、リチャードとジョアン事代堂はハワイに戻ってきた――いや、正確には、政府が彼らを送還したのだ。二人は、ホノルルに留まることを決め、カパラマ地区の隣の地区に居を構える。ジョアンは、最初の子をみごもっていた(和田は知らなかったが、海軍情報局は一九四六年にFBIに対し、事代堂が行った「活動」について調査して詳細な報告書を提出すると誓った。それから二年経つが、約束は果たされていない)。

和田は、事代堂が今はホノルルに本社を置く酒類卸会社、太平洋リカース商会の経理をしていることを知った。根っからの酒好きにはまったくふさわしい仕事だと、和田は思う。この会社の帳簿管理は、大変な苦行に違いない。事代堂の帰還した年、同社は一八万三九〇〇ドルの税金滞納により、連邦政府から会社の土地建物の差し押さえ勧告を受けている。

それ自体はニュースになるようなことでもないが、太平洋リカース商会の社長兼筆頭株主は、あの宮本隆一《みやもとたかいち》である。ハワイ諸島全域に酒類の卸商や販売店を多数所有する、大変裕福な実業家で、地元紙の言葉を拝借するなら、ホノルル市長の「政治家仲間」なのだった。

長年の権力者であるジョン・ウィルソンは、一九二〇年から二七年、二九年から三一年までホノルル市長を務め、四六年に再び就任して三期目を続行中だ。一八七一年、ホノルル生まれの、民主党の重鎮である。スコットランドとタヒチの血を引くハワイ人として、政党とハワイの民族グループ間との緊張をほぐすことに貢献してきた。その努力の成果が、宮本との交友関係である。

和田は、事代堂について自分に知り得たことを記録に残し、次の職務に進むよりほかはないと考えた。そしてタイプライターに向き直り、「第一四海軍区」のレターヘッドのある紙をセットすると、キーを叩き始めた。

このわずか三段落の簡素な報告書は、第一四管区情報局で処理されたのち、FBIに提出されることとなる。[16] 太平洋戦争中に築かれた諜報活動における民間人と軍政府との協力関係はハワイで維持され、その後の冷戦に備えるかたちとなった。

和田が作成した報告書は、おそらく事代堂の身元調査を行っていたのであろうアメリカ空軍特別捜査局の特別捜査官が一九五八年に提出した閲覧請求書を除けば、リチャード事代堂に関するFBI調査ファイルに追加された最後の資料となる。海軍情報局が約束した「事代堂の活動に関する包括的調査報告書」は、このスパイ幇助人のFBI記録に最後まで含まれることはなかった。

# カマ・レーン

ホノルル
一九四九年三月四日

ニュースは旋風のごとくカパラマを駆け巡った。連邦政府が、金刀比羅神社の土地を売却しようとしている。この話は地元新聞に取り上げられ、怒った住民たちの口伝えでもたちまち広まった。

一九四七年一二月、ハワイの金刀比羅神社は、同じように閉鎖させられていたほかの仏寺や神社とともに、ようやく再開を認められた。磯部宮司は強制送還されたままなので、祭祀を行うことはできない。神社がなんとか地盤を固め直そうと取り組んでいた矢先に、突然司法省の人間が現れた。四八年四月、政府は一九一七年に制定された対敵通商法を理由に、金刀比羅神社の資産を差し押さえたのだ。この法律は、第一次世界大戦中にドイツ系アメリカ人の資産を没収するために施行されたものである。これにより、布哇出雲大社、布哇大神宮、ワヒアワ大神宮などを含むハワイ全域のほかの神社も差し押さえにあった。

政府に土地を清算する動きがあることを聞いた金刀比羅神社側は、ロバートソン、キャッスル・アンド・アンソニー法律事務所に依頼して、四九年三月三一日、ハワイ準州と連邦外国人資産管理局を相手取って訴訟を起こす。彼らは、資産没収は対敵通商法の明らかな濫用であると訴えた。[17]

日系団体がこのような訴訟を起こすのは初めてのことで、裁判の行方にハワイとアメリカ本土の両方で大きな注目が集まっている。

## ハワイ地方裁判所

**ホノルル**
**一九五〇年五月一八日**

ジョセフ・マクラフリン裁判官は、法廷でしっかり争うことの価値を知っている。だからこそ彼は、〝金毘羅神社対マクグラス裁判〟においては、原告と被告の双方から出された略式判決の要求を退けた。

裁判官としては、審理を省略して簡易的に判決を下したほうがずっと楽だし、数カ月におよぶ手続きや審理に頭を痛めることもなかっただろう。神社側は敷地や財産を取り戻したい、政府側はこの問題を早く終わらせたいだけなのだ。しかし、公の場で互いの意見をぶつけ合うことも、ときには大切なのである。

口頭弁論の日取りは、何度か定められては変更され、双方が証拠集めのために日本へ出張するたびに延期された。三月二七日に初法廷を迎えるも、弁護団が日本へ行ったために中断され、再開は五月三日になった。裁判は、「二日間におよんだ事実と法律に関する弁論」を経て、五月一七日に審理が終了した。

今日、マクラフリンは、政府側の主張を一つずつ崩していった。裁判官は、政府は金刀比羅神社の閉鎖に対し正当な法的根拠を示せていないと結論づけた。判決文には、「提示された証拠は、原告に対する日本政府の直接的または間接的な支配があったことを立証するには至らず、日本国内のいかなる国家神道神社による直接的または間接的な、教義的もしくは財政的支配を明らかにするものでもない」とある。「また、会員数五〇〇人にも満たないこのハワイの小さな神社が、アメリカ合衆国にとって経済的、軍事的、あるいは思想的な脅威になるとみなすことが、合衆国の国益につながると判断または確信するだけの根拠も確認できなかった」

裁判官は、大日本帝国政府が宗教を利用し戦争を煽動してきた経緯を簡単にまとめて判決文に添えている。「神道の教義は、日本の軍国主義者が望む目的を達成するために歪められ、国家神道への忠誠が愛国心の証かのように広められ、日本はいかなる国家よりも優れ最終的に世界を制するものであるという誤った思想を国民に植え付けた結果、第二次世界大戦での大敗北へとつながった」

マクラフリンは金刀比羅神社の神道形態について、一つの神社で複数の神を信心するという精神世界は複雑でわかりにくいという自身の見解にも触れた。彼は判決文に「原告とその信者は、自分たちが何を信じ、なぜ信じているのかさえ理解していない」と書いている。「私は、ここに示された証拠からは、アメリカ合衆国で活動をする原告が宗教を構成すると同意されうる信念を有していると、認定することはできない……［中略］。原告の信者は、『神の道』を説く神道という古の神話やそこに登場する三大神を、祈りや儀式を通して崇めていたが、その教義が日本の国家神道や宗派神道と同じものであるかは、いずれの当事者によっても立証されていない」

このような裁判官らしからぬ個人的見解を除けば、金刀比羅神社にとって、また政府の横暴によりその存在が試された民主主義制度にとっても、この判決は明白な勝利といえよう。「個人が宗教ないし人生哲学として信仰もしくは教示することについて承認しないという理由で、政府がその人の財産を没収することは許されるものではなく、また〝この法廷が開かれている〟あいだに、それが許されるようになることは決してない」マクラフリン裁判官は、最後にそう記した。「合衆国憲法修正第一条によって禁じられている[18]」

敷地は神社に返還されることになった。磯部宮司を日本から呼び戻す法的許可を得るには、さらに時間がかかるだろう。しかし、今回の勝訴は、今後の財産取り戻し訴訟への道を開き、勝利への期待を与えるものとなった。カパラマ地区の住民にとって何より嬉しいのは、コミュニティの拠りどころであるカマ・レーンの施設を、また自由に使えるようになるということだ。判決が出た直後、神社は一〇月に秋祭りを開催する計画を発表した。ほぼ九年ぶりに行われる宗教的な祭典である。

和田の家族にとっては、平穏な日常が返ってくるという嬉しい知らせだ。和田久吉は今もカマ・レーン一〇四二番地に住んでいる。太田ハナ子とグラウンドキーパーの夫は沼地の家から引っ越し、今はカマ・レーン一〇四五番地（久吉の隣家）に住んで街中で働いている。一九五〇年四月一日に次女が生まれ、久吉に目に入れても痛くない可愛い孫がもう一人増えた。

だが、ダグラス和田は、カマ・レーンから離れた。現在は、ヘレンと娘ゲイルと三人で、ホノルルのダウンタウンにあるイオラニ宮殿から数ブロックの、アラパイ通り一三四九番地に住んでいる[19]。和田はまた、仕事以外の時間に、次世代の育成に力を入れて活動の幅を広げている。戦前から会員であるホノルル・ライオンズクラブにも変わらず関わっているが、最近は、カパラマ地区ボーイズクラブとボーイスカウトアメリカ連盟の顧問も引き受けて大忙しだ。

それから、日本から来た甥っ子のレスリー川本を下宿人として迎え入れた。それは、親戚の復興を手助けするのと同時に、戦争で破壊された東京の暗い記憶を自分の中から払拭するための、彼なりの方法だった。いや、もっと利己的なことをいえば、二〇歳の多感な青年が家にいると、なかなか面白くてよいのである。

# タンタラスの丘

ホノルル
一九五〇年六月二六日

ロバート・シヴァーズは、オアフ島のセカンドハウスのポーチから、緑が鬱蒼と生い茂るジャングルを眺め、深く息を吸い込んだ。ホノルルの上のほうに位置するこの熱帯雨林の空気は、ほかの土地にはない独特の香りがする。五六歳になった彼は、実際よりも年老いた気がしているのだが、それでも、喜びや楽しみに満たされた日々を生きられることに感謝している。ハワイには、たくさんの楽しみがある。

オアフから離れることは難しく——いや、不可能だった。シヴァーズが、軽い心臓発作と思われる胸の痛みに襲われ、やむなくFBI主任特別捜査官の職を辞して本土に赴任したのが一九四三年四月。しかし、翌年にはすでにハワイが恋しくてたまらなくなり、大統領夫人であるエレノア・ローズヴェルトの友人たちのコネクションを利用して、ホノルル税関の税関長に任命してもらった。現在は、市内にある〝郵便局・税関・裁判所ビル〟で働き、ダイヤモンドヘッド付近のハオレが多く住む高級住宅地、カハラ地区に住んでいる（本土赴任前に住んでいた、ブラックポイントの自邸に同じ）。

ホノルルにいることの喜びの一つは、かつての交換留学生で、今もシヴァーズが家族同然に思っている〝スー〟こと小畠シズエが近くに住んでいるということだ。彼女は、シヴァーズたちと一緒に暮らしていた当時のことを、鮮明に覚えているだろう。真珠湾攻撃のあと、スーとコリーンは武装警備兵に囲まれて数週間を過ごした。

シヴァーズが今いるこのジャングルの隠れ家は、以前と変わらず夫妻の安息の場であり、ここへ来れば都会の喧騒や政治的なストレスから逃れられた。民主党内に分裂が起きている今、イングラム・ステインバック知事がじきにオフィスを去るだろうと、誰もが予測していた。ステインバックは、一九四二年から繰り返し準州知事に任命されている。ただし、最初の二年は軍の統制下にあったため、実質的には名目上の知事に過ぎなかった。

ロバート・シヴァーズは、次の準州知事の有力候補である。今年五月、ステインバックの後援者である政治家のハリー・クルニックは、シヴァーズが任命される確率を五対一と予想し、現知事に次ぐ有力候補とした。噂では、党が地元の左派や共産主義者の手に落ちないことが確信できれば、ステインバックは辞任するかもしれないという（同知事は、ジョージ・オーウェルが一九四五年に〝冷戦〟という言葉を広める前から、頑なな「冷戦戦士」（強硬な冷戦推進派の政治家。冷戦主義者とも）だった）。シヴァーズは、進歩的でありながら保守的という巧妙な民主党連合を維持しているため、勝算は高い。

次期知事の椅子も目前だ。シヴァーズの後援者の一人は、地元労働組合長の座を摑んだばかりで、今すぐステインバックの支持者を追い出すことはできないが、彼らからシヴァーズ元特別捜査官への支持を取り付けることはできる。元ホノルル市警の署長で現在は民主党委員長を務めるジョン・バーンズは、すでに二カ月かけてワシントンでシヴァーズのためのロビー活動を行っていた。

シヴァーズとコリーンは、数週間前からこのタンタラスの丘の別邸に滞在している。これから政治権力や陰謀と対峙する大変な日々が始まるかと思うと、二人で過ごす今のこの時が、嵐の前の静けさに感じられた。しかし彼らは、ほかのどこへも行きたくないのだ。

ポーチに静かに座り、ハワイの新鮮な空気を大きく吸い込んだとき、突然、シヴァーズの胸と腕に激しい痛みが走った。四三年の発作のときと同じ痛み方だが、今回はそれよりずっとひどい。慌ててコリーンを呼ぶ。妻は夫を車に乗せると、街の中心部を走らせて一〇キロほど離れたクイーンズ病院に駆け込んだ。シヴァーズは、重度の心臓発作と診断された。「氏の状態を鑑みて、ご友人方々は電話等ご遠慮されたし」と、『ホノルル・スター・ブレティン』紙が不吉なことを書いている。[20]

ロバート・シヴァーズは、六月二八日に永眠。ダイヤモンドヘッド記念墓地では、花を手向けるスー小畠の姿がよく目撃されている。

# ロイヤル・ハワイアン・ホテル

ホノルル
一九五一年八月三一日

ダグラス和田は、ロイヤル・ハワイアン・ホテルの最上階からワイキキ湾を眺めながら、約一〇年前の真珠湾の空に黒煙が立ち昇る光景を思い出していた。あの日曜日の朝、もし誰かが、いつの日かお前はハワイで日本の指導者のボディーガードをするぞなどと言ったとしたら、和田は間違いなくその人を殴っただろう。

「私は、今が戦没者に敬意を表しに行くときだと思っています」和田の後ろに立っていた吉田《よしだ》茂《しげる》内閣総理大臣が言った。和田は、感情を顔に出さないようにして振り向いたが、体が熱くなるのを感じていた。三九歳にして、彼は自分が単なる通訳者ではないことを証明している。日本の言葉、文化、礼儀作法に精通していることを買われ、今回の護衛の任に抜擢されたのだ。和田は、周囲からの信頼も厚く、気さくで話しやすいうえに、ゴルフコースも熟知している。異文化を柔軟に受け入れられ、元来持ち合わせた人懐っこさも相まって、ハワイの地元民とも、本土からの来布者とも、そして日本人とも、すぐに打ち解けることができる。

「閣下、そのお考えは素晴らしいと思います。ホノルル市民も喜びましょう」和田が丁重に答える。「ですが、私には閣下の身の安全をお守りする義務がございます。警護の観点から申しますと、今回はおやめになったほうがよいと存じます」

「君は、この地で生まれて、人生の大半をここで働いているのですよね。私や、私の家族が危険な目に遭うと思うのですか？」

和田は、熱心に自分を見ている吉田の娘の和子《かずこ》に目をやった。「平和条約がまだ締結されておりませんので、このような外出は危険です。ホテルに留まることをお勧めするよう、命ぜられております」

吉田首相はこの護衛官に、冷たい視線を向けた。首相は日米関係を正常化するため、サンフランシスコへ向かう途中だ。日本とアメリカは、厳密にはまだ戦争状態にある。サンフランシスコ平和条約の調印が済むまでは、〝停戦中〟なのである。敗戦国とはいえ、アメリカにとっては敵国に変わりない。「今日の空港での出迎えを見ても、まだ私たちが狙われたりすると思いますか？」

和田の口元が少しゆるみ、笑みがこぼれかけた。吉田は飛行機を降りて車に乗り込むまでに、歓迎のレイ（花輪）をたくさん首にかけてもらい、あまりの多さに前が見えなくなるほどだった。彼はこの戦争の調停人として受け止められ、正常化の象徴だと喜ばれている。「強く反対する人間が一人いれば十分です。繰り返しますが、今回の閣下の大切な使命を考えますと、やはりリスクが高すぎます」

「私の使命を考えろというのなら、慰霊に行かないほうが、リスクが高すぎると思うがね。車を用意してくれませんか。家族を連れて行きます」[21]

国立太平洋記念墓地は、ホテルから八キロほど離れたパンチボウルの丘の、クレーターの中にある。このクレーターは、大昔の噴火でできた円形の自然遺跡だ。そこに残された対空砲台やトーチカに目をとめる人はほとんどいない。和田は、高台の上に秘密の信号収集局があることも知っていた。戦時中に一度、訪れたことがあるのだ。[22]

和田は、それについて語る代わりに、愛想のいいツアーガイドよろしく、クレーターにまつわる古い言い伝えについて話した。パンチボウルのハワイ語の名、プオヴァイナは「いけにえの丘」を意味する。ここはかつて、タブーを犯した者を罰として人身御供にし、神に捧げた祭壇だった。この歴史話は、真珠湾の暗い過去といくらか類似性があるため、カメハメハ大王は大切な客人を迎える際に、丘の縁に据え付けた二台の大砲を打って敬意を表したという話を付け加えた。「もし大王が閣下のお越しを知っていたなら、今頃は大砲の音が轟いていたことでしょう」

墓地での慰霊式は、短く厳粛なものだった。報道陣が見守る中、吉田首相が献花台に花を手向ける。この模様は無数の新聞で報じられ、このあとに控えたカリフォルニアでの講和会議や条約調印に対する全米の国民感情を和らげるのに一役買うこととなる。和田は感銘を受けたものの、警備隊にとっては相当なリスクを犯しているので気が気ではない。

「大変、感動いたしました、閣下」こちらへ戻ってきた首相を和田が迎える。「それでは、もうホテルへお戻りいただけますか?」[23]

## 帝国ホテル

**東京**
**一九五一年九月三日**

新聞を読む吉川猛夫の目が滲む。吉田茂内閣総理大臣が、サンフランシスコ平和条約を締結するためカリフォルニアに到着したという。興奮を隠そうと、コークハイを一口飲んだ。

「これを、読みたいだろうと思いましてね」ダグラス・マッカーサー元帥のGHQ参謀部付き戦史室長、ゴードン・プランゲが言う。「本当に、終わりましたよ」

吉川は偽名を使い、ごくたまに妻と娘に会いに田舎を訪れるだけの逃亡生活を続けるあいだ、この日が来るときのことを何年も前から考えていた。貧しい僧侶や露天商として暮らす一方で、この一〇年間は空想の中に身を置き、家族への義務から逃げていることを〝自己懲罰〟なのだと正当化してきた。日本の警察は、早い時期に彼の居場所を突き止めようとしていたらしいが、大した捜査は行われておらず、積極的に探そうとした形跡はない。しかし、追手がいることを言い訳にして、ただあてもなく逃げ続けているのは楽でよかった。

平和条約が結ばれるおかげで、もう追われる身ですらなくなった。これはいわば、全面的な恩赦であり、放浪生活に終止符を打つものだ。

吉川は数カ月前からこのことを予測し、京都郊外の村にいた妻と子を連れて東京へ戻ってきていた。そして、公園でかき氷売りをしながら、その時が来るのを待っている。もうすぐだ。もうすぐ本名を名乗って、本物の暮らしを築けるようになる。

だが彼は、歴史上の自分の役割が忘れ去られてしまうのも忍びなかった。彼の自尊心、プライド、そして将来への選択肢のなさから、正体を明かしてやろうという気になっている。九月、プランゲは、日本の外交公電の中に糸口を見出し、手がかりを引き出すため旧日本海軍の将校たちを当たった。そのうちの一人が、吉川の名前と、真珠湾攻撃で吉川が担った役割について明かしたのだ。プランゲは手紙で連絡を取り、吉川は東京でインタビューを受けることに承諾した。

元スパイは、このGHQの戦史家にすべてを打ち明けている。名乗り出ることは「我々日本人が卑屈に服従するばかりではない」ことを占領者であるアメリカ人たちに示す手段だった。[24]

九月八日、日本は、サンフランシスコの戦争記念オペラハウスで「日本国との平和条約」(サンフランシスコ平和条約)に署名した四九カ国のうちの一国となる。これで吉川は、アメリカ人捕虜虐待や真珠湾攻撃における彼の役割について、刑事法、民事法のいかなる罪にも問われることはない。

真珠湾のスパイは、ようやく陽の当たる海原へ、再び浮き上がることができたのである。[25]

# エピローグ〈米寿〉

## 布哇《ハワイ》大神宮

**ホノルル**
**一九六一年八月一一日**

和田久吉は、プイワ通り六一番地にある布哇大神宮の入り口で、神社のボランティアの人たちが木製のお宮の模型を運び入れるのを心配そうに見守っている。久吉は、シンプルな黒のスーツにネクタイ姿。彼の一張羅だ。そして川崎《かわさき》宮司は、儀式用の狩衣と烏帽子《えぼし》を着用している。[1]

模型といっても、単なる模型ではない。檜を使って丹念に造り込み精巧な彫刻を施して、神社を丸ごと再現した完全なミニチュアだ。高さは一・二メートルほどある。高く尖った切妻屋根に曲線の美しい唐破風を設け、その縁を飾る彫刻が見事だ。正面の小さな階段を上ると、同じように小さな、しかし華麗な装飾の施された扉が迎える。

作業をする人たちが模型を祭壇に載せようとするのを見て、久吉の顔が緊張で強張る。模型が無事安置されると、川崎宮司は隣にいる久吉に微笑みかけた。久吉は、宮大工の技を結集させたこの小さな大神宮の建造に三年を費やした。そして、奉納日が今日になったのは、決して偶然ではない。

和田久吉は来週、八月一六日に八八歳になる。人生の大きな節目を祝うために、この模型を作ったのだ。日本では終戦まで、誕生日は生まれた日ではなく、正月元旦に祝われていた。しかし、アメリカ化で個人の誕生日を祝うようになる以前でも、八八歳の誕生日は特別な意味を持っていた。

日本ではこれを米寿といい、長寿を喜び祝いの宴を催す。家族や友人に囲まれて、赤飯と尾頭付きの鯛を食べるのだ。アメリカ人が祝う誕生日パーティーと同じように、米寿を祝う人は、特別な衣装を着る。それが、金色のちゃんちゃんこと、金色の頭巾だ。

久吉にとっては、大神宮の模型を設置し無事奉納し終えることのほうが、祝宴よりもずっと重要である。三年という献身の末に完成したが、その前に、指を失った左手で再び大工仕事ができるよう、腕を磨き直すのに二〇年近くかかった。奉納の儀式を取材した『ホノルル・アドバタイザー』紙の写真記者ジェリー・チェンも、久吉の見事な手業に感心していた。

非日系新聞が日系人に対して友好的な記事を書くようになったことも、ホノルルがいかに回復しているかを物語っている。ホノルルの神社も寺院も、活気を取り戻しつつあった。戦前に比べれば、信者の数はずいぶんと減っている。それに、強制送還された祭司の多くが、日本に留まったままだ。それでも、神道と仏教に覆いかぶさっていた暗い影は、消え去った。[2]

戦後のハワイの宗教界で勝者となったのは、「生長の家」である。今年、同団体の公益財団は『生命の實相《じっそう》』という本を出版した。その著者で生長の家の創設者である谷口雅春《たにぐちまさはる》は、ニューソート思想を説いた本を次々と執筆し、すでに何十冊という著書を世界中の増え続ける読者に提供している。一九五二年、谷口はフェンウィック・ホルムズと共著で『信仰の科学』を出版。ヨーロッパ、南米、アメリカ全土でも、この新興宗教を広めることに成功した。以来、安定的に執筆活動を続けて信者の信仰心を盛り立て、宇宙や世界の根本原理という非常に抽象的な概念を布教して世界中を回っている。

一方、カマ・レーンの金刀比羅神社は、再び現代社会に侵害されようとしていた。一九五七年、準州政府は高速道路を建設するため、神社の敷地の三分の二を取得する計画を発表した。ホノルルのダウンタウンを通る州間高速道路ハワイ一号線（H1）は、すでに時代遅れで今日の交通事情に対応しきれていない。近代的な高速道路を作るためにはさらに多くの土地が必要なため、政府は土地収用法を行使して強制買収を行うことにしたのだ。布哇金刀比羅神社は、土地を売らなければならない。交渉できるのはその価格だけである。神社が受けた打撃はそればかりではなかった。五二年にホノルルに帰還した磯部節宮司が、五八年四月に亡くなったのである。

カマ・レーンは再び変貌のときを迎えている。今度は、新しい高速道路に侵略されるのだ。人生の混乱期から逃れることはできなくとも、ホノルルの年老いた一世が心の平穏と生きる目的を見出すことは、不可能ではない。

和田久吉は、失った時間を取り戻したくて、ある目標を立てた。カマ・レーン一〇四二番地で孫たちや娘のイトヨと平穏な日々を過ごす一方で、彼の工房には、オアフ島に残っているほかの神社に納める予定の、模型四基分のデザイン画がある。かなり野心的なプロジェクトであるし、完成には何年もかかるだろう。

このプロジェクトのことを考えると、久吉は幸せな気持ちになれた。小さな神社が少しずつできあがっていくのを見るのは、孫たちの成長を見守るようなものだ。家族にも信仰心にも、このハワイに未来があることを日々思い出させてくれる。

## 【付録A】ダグラス和田（和田智男）のキャリアとNCISの誕生

ダグラス和田は、多くの面において〝先駆けの人〟だった。彼は、一九六〇年代後半に入るまで、海軍情報局唯一の日系アメリカ人諜報員である。[1]予備役とはいえ、海軍情報部に所属する民間人という彼の役割もまた、前代未聞だった。彼がのちのＮＣＩＳ（海軍犯罪捜査局）の礎を築くのに貢献したことを思えば、その立ち位置は、私たちにとって非常に興味深いものである。

すべては、一九三九年六月のフランクリン・ローズヴェルト大統領の覚書から始まった。その覚書とは、海軍の領域内における妨害工作、スパイ活動、転覆工作などを調査するよう、海軍情報局に初めて指示したものである。その後数十年にわたり、戦時平時にかかわらず、海軍情報部員たちは任務を着実にこなし続けて独立の基盤を築いていく。

その面々には当然ダグラス和田も含まれているが、彼の軌跡をたどることができる資料はあまり残されていない。同僚や友人たちでさえ、情報部における彼の役割の全貌を知る人はほとんどいなかった。ビル・マクドナルド大佐は、和田に関する短い伝記を書く中で、彼のことを

「謎多き男《マン・オブ・ミステリー》」と呼んでいる。和田の軍歴、特に東京裁判に赴いてからの行動は、彼が担っていた任務の秘匿性、また彼自身の仕事に対するストイックさからも、容易には知り得なかった。和田は、周りに知られないようにしながら、与えられた任務をこなしていたのだ。

彼は一九五四年に、極東海軍司令官の連絡係兼通訳に任命され、日本に赴任している。少尉以上の高官付きの、機密情報を取り扱う「特殊通訳者」というのが、数十年にわたる彼の実質的な職務だったようだ。この役割上、日本の諜報機関の上層部と近しい関係を築き、アメリカ側の諜報機関上層部からも信頼を得るようになった。そうして、首相官邸、海上自衛隊、海上保安庁、警察庁とのコネクションを得ている。

和田が街頭捜査官だったという記録は残っていないが、ときには異質な捜査も行っていたようだ。一九五四年に来日して間もないころ、ルーファス・テイラーという名の将校から、横須賀基地周辺のバーをくまなく当たり基地から横流しされた酒類を買っている者を洗い出せという、途方も無い命令を受けている。こんな先の見えない仕事を押し付けられて、同僚からは「バーボン和田」とあだ名されたという。[2]

ほどなくして和田は、より重要な諜報任務を任されるようになる。和田の軍歴記録の中の職務内容をまとめた機密メモには、奇妙な記述があった。五六年二月、海軍予備役少佐として現役に呼び戻され、「日本語能力が買われて『インパルス計画』に着手するよう命ぜられた」そして、同年七月にいったん現役を解かれるも、五八年一月に再び「同じプロジェクトに従事するため日本へ呼び戻された」というのだ。

そのメモには「インパルス計画」がどのようなものだったかは説明されておらず、そのための日本赴任については彼の軍歴のどこにも記載がない。が、一つの可能性として、和田が晩年マクドナルドに、中国やソ連から釈放された捕虜の中に危険分子が紛れていないか審査する手伝いをしたと語っていることに、ヒントがあるかもしれない。中には第二次世界大戦中に捕まってからずっと拘束されていた人たちもいて、洗脳されていたり、潜入工作員とすり替えられていたりすることがあったと聞く。アメリカは、未だ復興の途中で混沌としている日本に、共産主義者が大量に潜り込んでくることを恐れた。

一九六三年に書かれた海軍情報局の極秘の覚書によれば、和田は「陸海空軍共同収集プログラムにおける海軍の代表者だった。このプログラムは、極東共産圏の海軍事案に関する報告書の準備、作成、分析、評価……［中略］などを行うものである。また、日本政府の極秘諜報機関を活用しており、巧妙な手段で旅行者や送還者、船舶等の乗組員などから情報を取集していた」「送還者」というのは、和田がスクリーニングを行ったソ連や中国からの帰還捕虜を意味するのかもしれない。海外からの帰国者全般を指している可能性もある。そうした人たちから得た情報が「インパルス計画」の成果なのかもしれないが、入手が可能な記録からは確認できなかった。

日本での滞在が長くなるにつれ、海軍にとって、おそらくＣＩＡにとっても和田の有用性は高まっていった。「一九六四年三月一六日、長期にわたる交渉の末、アメリカの別の情報機関が、日本の海上保安庁からの情報収集プログラムを、駐日米海軍司令官情報部に引き渡した」と同年の機密覚書には記されている。「その立役者となったのが、ダグラス・T・和田である。外国の情報機関に対して排外的な態度をとりがちな、極めて内向的な組織と以前のような建設的な関係を維持するためには、想像力と高度な技能の両方が必要となる」

民間人、軍人、特別捜査員、海軍司令官、どの立場においても、ダグラス和田は静かなる先駆者だった。六〇年代に入るまで海軍情報局のために働いた唯一の日系アメリカ人だった彼は、目覚ましい活躍を見せただけでなく、非常に優秀でもあった。

アメリカ国内では、和田の家族も繁栄した。娘のゲイルは、一九六六年一〇月七日にカリフォルニア州アラメダ市でローレンス原田と結婚した。彼女は教師になり、やがて教頭になっている。ダグラスとヘレンは七五年に、二〇年ぶりに日本から戻ってきた。気になるのは、果たしてハワイの日系社会は和田に強制収容の責めを被せてホノルルから追い出そうとしたのか、ということだ。

ジロー岩井に対しては、そうであった。「終戦直後、岩井は追われるようにしてハワイを出ていった」と、NCISの元捜査官で、この時代について研究した同組織の歴史保存プロジェクト共同プロデューサーでもあるヴィクター・マクファーソンは記述する。「和田は五〇年代の初めまでハワイに留まり、戦犯裁判のあとも、一時期はホノルルで共産主義者探しの任務に就いていた」しかし和田は、日本へ戻った。おそらく、自分は日本でのほうが役に立ち必要とされていると感じたのではないだろうか。「地元では、彼が何者かを知る人はまだたくさんいたので、重圧に耐えられなかったのかもしれない」

日本での任務は、ハワイを何年も離れることを和田に決意させる動機となり得た。彼を日本に引き留めておくのに十分な緊急性があったということだろう。「捜査員として雇われ訓練された和田氏は、海軍にとって比類のない貴重な存在になっていた」と海軍作戦部長代理のJ・O・ジョンソンが六四年の覚書に記しており、「彼が現在の任務に就いている限りは」公務員としてもっと高い役職を与えられるべきだと主張している。和田は、日本にいるからこそ重要なポジションを与えられていた。それゆえ、愛するハワイを離れたまま、長年日本に留まったのだろう。

一九六六年二月四日、アメリカ合衆国海軍長官は、海軍情報部（NIS）を独立した組織として新たに立ち上げた。海軍情報部は初めて、臨時警備組織的で統制が取れず活動が狭い範囲に限定される地方軍管区情報局の管理から切り離されたのだ。重大犯罪の捜査管轄が海軍と海兵隊全体にわたっていた従来の諜報活動の枠を超え、新たに大きな責任を担うことになった。

海軍情報部の初代部長を務めた元海軍予備役大佐のジャック・ジョンソンは、未発表の小論文の中で、この移り変わりについて次のように綴っている。

主に、第二次世界大戦中の懲戒処分に係る冤罪問題を受けて、アメリカ議会は軍事司法統一法典（UCMJ）に新たな命令条項を加えた。この文書は、艦上および陸上の軍指令部内における重大犯罪の捜査に法的権限を与える必要性の高まりを認識するものだった。海軍情報局はすでに諜報関係の問題を扱う捜査班を有していたことから、深刻な犯罪の捜査を海軍の情報機関に担わせるのは理にかなっていると思われた。さらに、安全保障上の懸念事項と重大犯罪の犯人とのあいだにたびたび関連性が認められている。[3]

ジョンソンは、一九六六年にＮＩＳが独立する以前の世代の諜報員たちの、堅実な働きを称賛している。「私たちは、海軍情報部誕生以前の初期の時代に諜報の仕事に従事していた、愛国心に厚く献身的な何百人という今は亡き人々のことを忘れてはならない」と記していた。その中には、勇敢で信頼の厚かったダグラス和田も、間違いなく含まれている。

和田は中佐として海軍予備役を退役した七五年七月に、妻のヘレンと故郷へ戻ってきた。娘はすでに本土へ移り住んでいたが、夫婦が生涯かけて築いてきたホノルルのハオレや日系コミュニティの友人たちとの絆は変わらず存在していた。和田は青年団や退役軍人クラブに関わり続け、島を訪れた観光客かのようにゴルフや釣りを楽しんだ。

八〇年五月二七日、和田はスティーブン神田《かんだ》とともに、アラワイ・ゴルフ場で早めのラウンドの開始時間を得ようと待っていた。そのとき、クラブハウスに押し入った強盗に襲われて、ポケットナイフで繰り返し刺されてしまう。和田は一命を取り留め、ホノルル市を相手どって訴訟を起こした。八六年に一審で敗訴し、控訴したがそちらも敗訴に終わった。[4]

一九九二年、資金不足に陥っていたNISは再編成され、新たに海軍犯罪捜査局（NCIS）と名付けられた。その二年後、NCISは民間人主導による連邦政府直属の法執行機関に生まれ変わり、一四の支局が設けられ、世界一四〇の地域で活動するようになる。九五年には、NCIS内に未解決殺人事件捜査班が導入されたが、これは連邦政府初の専従部隊となった。二〇〇〇年になると、連邦議会はNCISの民間人特別捜査官に、令状を執行し逮捕する権限を与えた。和田と、彼の世代の捜査官たちが切り開いた道を、今なお数知れない多くの後輩たちが歩んでいる。

ヘレン・フサヨ和田は、二〇〇五年に他界した。そしてダグラス和田は二〇〇七年四月二日にそのあとを追う。二人は孫三人、ひ孫三人に恵まれた。ダグラスとヘレンは、ホノルルを一望するパンチボウル・クレーターにある国立太平洋記念墓地に埋葬された。二人の墓標には、神道信者の墓であることを示す信仰のシンボルの小さな丸い花が彫られている。

## 【付録B】その後

### 和田久吉

宮大工の久吉は一九六四年六月に彼の壮大なプロジェクトを完成させ、四基の見事な神社模型を、それぞれ白崎八幡宮、太宰府天満宮、稲荷神社、水天宮に奉納している。同年七月九日に、合同奉納式典が行われた。一九六九年七月二九日、永眠。

### 山本イトヨと太田ハナ子（和田久吉の長女・次女）

ハナ子は、クレイグ、ルビー、ロレインという三人の子をもうけた。夫の太田時春は、公園にヤシ葉箒を復活させ、地元メディアで話題になった。ハナ子は一九六八年一一月三日に死去。イトヨは一九八八年一二月二日に八五歳で亡くなり、ヌウアヌ・メモリアル・パーク（霊園）に埋葬された。

## ケネス・リングル

リングルは軽巡洋艦〈ホノルル〉に乗艦し、その後揚陸指揮鑑〈ワサッチ〉の艦長として戦闘を経験した。レイテ沖海戦ではレジオン・オブ・メリット（勲功章）を獲得。戦後は、中国で輸送船団を指揮した。「私の姉は父が、あれほど反対し嫌悪した強制収容を止められなかったことで自分も共犯だと感じ、二度とアメリカ政府のためには日本語を話さないと言っていたのを覚えているそうです」と、息子のケネス・リングル・ジュニアは言う。「私の知る限り、父はそれを貫きました」[1] リングルは、NATO条約の海軍に関する条項を取りまとめた人物でもある。一九五三年に海軍を退いた際には、大佐から少将に昇格した。六三年三月二三日に心臓発作により死去。妻マーガレットはその後、朝鮮戦争で仁川上陸作戦を指揮した退役海軍大将アーサー・〝リップ〟・ストラブルと再婚した。ストラブルは一九八三年に死去。マーガレット・エイブリー・リングル・ストラブルは、一九九九年三月三日に九二歳で亡くなった。

## リチャード事代堂（事代堂正之）

元スパイ幇助人の事代堂は、ベター・ブランド酒類会社の財務部長補佐となり、一九五七年に同社がグアムと日本（嘉手納米軍基地など）に支社を設立した際には、経営幹部の一人として広告で紹介されていた。当時の直属の上司は、ホノルルの名士を父に持つ同社財務部長のB・F・デリングハムである。事代堂は二〇〇九年七月三日に死去。

## ジロー岩井

陸軍の防諜員だった岩井は、一九四九年に東京の第四四一対敵諜報支隊に配属されるまで、ホノルルの第四〇一対敵諜報支隊に所属していた。一九五四年にアメリカに戻り、その三年後、二六年勤めた陸軍を退役。最終階級は中佐。自分が監視していた日系社会からは常に孤立していたため、サンフランシスコに移り住み、七二年に同地で他界した。九三年と九四年に、ダグラス和田が岩井の陸軍情報部隊の殿堂入りを求める嘆願書を書き、岩井が自分やほかの日系諜報部員の先駆者だったことを訴えた。一九九五年、岩井の名が同部隊の殿堂に刻まれた。

## 酒巻和男

特殊潜航艇艇長の酒巻は、捕虜となり収容されたあとしばらくは深い鬱状態に陥っていた。しかし、自分のあとから収容所に入ってくる日本人捕虜たちが命を断とうともがく姿を見て、彼らに生きるよう説得し、次第に収容者たちの信望を集めるようになる。戦後はトヨタ自動車の重役となり、最終的にはブラジルの子会社の社長にまで上り詰めた。一九八七年に引退した四年後、酒巻はアメリカに戻り、真珠湾攻撃の際に搭乗していた〈甲標的〉の展示を訪れて涙を流した。

## 丸本正二

一九四六年に日本からホノルルへ戻った丸本は、弁護士業務を再開し、五四年にハワイ法曹協会の会長に就任する。アジア系アメリカ人が会長になるのは、全米の法曹協会でも初めてのことだった。五六年には、アイゼンハワー大統領が丸本をハワイ準州最高裁判所判事に任命。こちらも全米初である。五九年にハワイが州となるのを見届け、同職を七三年に退任。一九九五年二月一〇日に他界した。

## トーマス・グリーン

グリーンは、一九四五年一二月一日に少尉に昇進。陸軍を引退する一九四九年一一月三〇日まで法務総監を務めた。その後は、一九七一年三月二七日に八一歳で亡くなるまで、アリゾナ大学の法学教授として勤めている。第二次世界大戦中の戦功が称えられ、二度目以降の勲章に送られるオークリーフクラスター付き陸軍殊勲賞と、五つの栄誉勲章が授与されている。

## ハワイ州

一九五九年八月二一日、ドワイト・D・アイゼンハワー大統領は、ハワイ州承認法に署名し、ハワイを五〇番目の州として連邦に加盟させた。星を一つ増やした新しい国旗は、一九六〇年七月四日に正式に発表された。ハワイの州昇格を求め実現させた人たちの先頭に立ったのは、丸本正二を含む第二次世界大戦の二世退役軍人たちである。また、二世たちは、民主党への支持集めに尽力し、伝統的にサトウキビ農園所有者に多かった共和党員による政治権力の支配を打破し、州の政治を民主党主導に切り替えることに貢献した。

## 吉川猛夫

一九六〇年代初頭、真珠湾のスパイの名が再び公に浮上した。吉川は、アメリカ海軍協会が発行する月刊誌『プロシーディングス』に、駐日海軍武官のノーマン・スタンフォード海兵隊中佐と共著で記事を寄稿したのだ。日本のメディアは、裏切り者、軍国主義者と、吉川をこぞって非難した。元スパイは、保険外交員をする妻の収入に支えられ、ガソリンスタンドを営みながら余生を送る。生活が苦しくなると、テレビに出演したり雑誌に寄稿したりしてギャラを稼いでいた。退役軍人の政治関与を禁止した法律が撤廃されると、地元の町議会に二度選出され、一九九三年にその生涯に幕を下ろした。

## キューン一家

オットー・キューンは死刑判決を受けたが、のちに五〇年の重労働に減刑された。娘のスージーと妻のフリーデルも服役した。幼いハンス・ヨアキム・キューンは、母親が収監されているあいだ、ハワイ大学社会学部長のベルンハルト・ホフマン博士のもとに預けられている。スージーとフリーデルは釈放後、ハンスを連れてドイツへ戻った。オットーは、戦後にドイツへ強制送還されている。

## セシル・コギンス

医師からスパイハンターに転身したコギンスは、第二次世界大戦中、中国に赴任し、〝ライス・パディ・ネイビー（田んぼの海軍）〟とも呼ばれた秘密の米中合同防諜部隊とともに、ゲリラ兵として戦っていた。また、のちにジェイムズ・ボンドの生みの親となる、イギリスの諜報部員イアン・フレミングとも合同作戦を行った。その作戦の一つは、日本の船舶や航空機に無線で降伏を呼びかけるものだったと伝えられている。コギンスは退役の折に、少尉に昇格した。一九八七年五月五日、カリフォルニア州モントレーで生涯を終えた。

## 鎌倉丸

一九四三年四月二八日、〈鎌倉丸〉（旧称〈秩父丸〉）。日本に留学したダグラス和田がハワイへ帰国した際に乗船した客船）は、二五〇〇人の軍人と民間人を乗せて、マニラからボルネオ島へ向かう航海の途中だった。護衛艦はついていない。アメリカの潜水艦〈ガジョン〉は、約三キロの距離から魚雷を発射し、〈鎌倉丸〉をスールー海に沈めた。四日後、日本の軍艦によって救出活動が行われたが、生存者はわずか四六五人。そのうち乗客が四三七人で、一七六人いた乗組員は二八人しか助からなかった。

**布哇《ハワイ》金刀比羅《ことひら》神社《じんしゃ》**

一九六二年六月二六日、布哇金刀比羅神社理事長の中屋現尹知《なかやげんいち》は、神社の土地二八六五平方メートルを、一二万二二五〇ドルで州に売却することを決定した。その金は、神社の施設の改修に充てられた。H1道路の最初の区間（ルナリロ・ハイウェイ）は、翌六三年に着工する。六二年五月二四日、神社の事務所と神主の宿舎が取り壊され、新しいコミュニティホール（公民館）、事務所、神主宿舎の建設工事が始まった。すべて九月までに完成している。手水舎の屋根が修復され、鳥居の位置も変更。一九六二年九月二六日、新施設の完成を祝う記念式典が開催された。同神社は現在も、変わらずカマ・レーンの突き当たりに建っている。

# 【付録C】ゴーストたちの足跡をたどって

## オアフ島

第二次世界大戦の記憶が色濃く残るオアフ島には、真珠湾攻撃を伝え継ぐための産業も発展してきた。ホノルルの博物館や記念館の入館料は高額であることが多いが、展示内容は非常に充実している。しかし、本書を読んだ人ならきっと実際に見てみたい、行ってみたいと思う、通常の観光ツアーでは決して訪れることのない場所もたくさんある。ここに、この本の登場人物の足跡をたどることのできるスポットを、いくつか紹介しよう。

### ダイヤモンドヘッド・ビーチ・パーク

真珠湾攻撃の火蓋が切られたときにダグラス和田が釣りをしていた、まさにその場所に立つというのも、鳥肌が立つ思いがしないだろうか。ダイヤモンドヘッド・ロード沿いにあるハイキングトレイ

2023年のダイアモンドヘッド・ビーチのこの景色は、1941年に和田が見ていた景色と同じだ。（著者提供）

ルの入り口から舗装された急な小道を下っていくと、波が打ち寄せるビーチへ下りられる。そして、右手に向かって歩くと見えてくるのが、ダイヤモンドヘッド灯台だ（足元の岩に気をつけて！）。和田と友人たちは、灯台の真下の岩場で投げ釣りをしていた。このスポットは、地元のサーファーや野宿をする人たちに人気だ。

## 春潮楼

吉川猛夫は、真珠湾の艦船を偵察するために、この老舗茶屋を訪れていた。現在は「夏《なつ》の家《や》」に屋号が変わっているが、春潮楼時代と変わらない昔ながらの日本料亭で、寿司だけでなく温かい食事も出している。ここから一望するホノルルの街と海軍基地のパノラマビューは、一九四一年からほとんど変わっていない（あの巨大なゴルフボールは、沖合に浮かぶ石油プラットフォームのように移動ができるXバンドレーダーだ）。夏の家（旧春潮楼）は、マカナニ・ドライブ一九三五番地にある。

## 日本総領事館

ホノルルにおける日本のスパイ網の中枢を担っていた日本総領

通りから見た2023年現在の領事館。（著者提供）

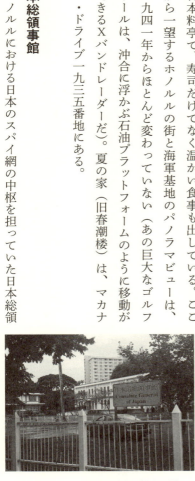

事館は、現在も一九四一年当時と同じヌウアヌ通り一七四二番地にある。敷地内には、吉川の時代と同様に外交官の住居がある。

## 太平洋艦隊潜水艦博物館

アリゾナ記念館を訪れ、戦艦ミズーリ記念館を見学する人たちの多くは、パラオ級潜水艦〈ボーフィン〉の艦内にも入れることを知って驚く。太平洋艦隊潜水艦博物館は、サイレントサービス（秘密諜報部隊）の移り変わりを紹介する興味深い展示が目白押しだ。入り口の横には、酒巻が乗った特殊潜航艇〈甲標的〉のものといわれるプロペラが展示されている。オアフ島周辺の岩礁に衝突してできたへこみや傷が生々しい（訳者註・現在では、このプロペラは別の帝国海軍の潜水艦のものである可能性が高いことがわかっている）。

## ベロウズ・フィールド・ビーチ

〈甲標的〉の話題が出たところで、その小さな潜水艇と生き残った乗組員が漂着した砂浜も訪れてみる価値がある。オアフ島の風上側（東側）、ワイマナロ地区付近に位置するこのビーチは、現在も使われる軍事訓練区域の一部だ。週末の午後と祝日は、一般の人にも開

ベロウズ・フィールド・ビーチを訪れる観光客はほとんどいない。（著者提供）

放されている。軍関係者とその家族は、曜日を問わずビーチに入ることができる。週末であっても訓練のために閉鎖されることもあるので、あしからず。吉川は、ワイマナロの海岸沿いも歩き回って、ベロウズの飛行場が見える位置を探っていた。

## カマ・レーン

〝和田キャンプ〟があった場所は今も、独特な和風の雰囲気が漂う静かな住宅地だ。金刀比羅神社も健在で、今は学校が併設されている。カマ・レーンへはH1道路の出口からアクセスでき、車で通りすぎるときに道路から神社がよく見える。車を停めて見に行くなら、和田家はもういないことをお忘れなく。招かざる客は冷ややかに迎えられる。

旧和田家の2023年の様子。通りの突き当たりに今も佇む金刀比羅神社は、日本のルーツを現代に伝え残す。（著者提供）

# 謝辞

以下の方々に感謝の意を表したい。

（敬称略）

私たちの信頼できるパートナーであり研究者である、ジョー・パパラルド。このプロジェクト（本書制作）に多くの時間と情熱を注ぎ、常に最善の利益を追求してくれた、素晴らしいチームメイトだ。

マット・パーソンズとヴィクター・マクファーソン。彼らが行ったダグラス和田に関するリサーチは、この物語を正しく伝える上で大変役立った。二人は、アメリカ海軍情報部の発展の軌跡に関する膨大な情報や文書をウェブサイト「NCIS History Project」（ncisahistory.org）に公開している。

尋問技術のチュートリアルを提供してくれたマイケル・スミス。関係者以外の立ち入りが許可されない真珠湾施設の内部を案内してくれ、現在のＮＣＩＳが行っている対スパイ活動に関する議論や見解を聞かせてくれた。

アンバー・バーカー。オアフ島全域で現地調査を手伝ってくれた。

私たちとのインタビューに時間を割いてくれた、ケネス・リングル・ジュニア。父親の仕事への強い関心を持ち続けている。

ハワイ日本文化センター（ＪＣＣＨ）のメアリー・キャンパニー。ハワイＭＩＳ退役軍人クラブに代わり、ダグラス和田のインタビューの情報を提供してくれた。インタビューの記録は、後世に残すためにＪＣＣＨで保存されている。

フォート・ファチューカ駐屯地のロリ・スチュワート。この物語で和田の声をより多く伝えることができたのは、彼女が和田の書いた手紙を探し出してくれたおかげである。

22、「パンチボウルに小さな無線局があったことは知っているかい？ （仕事で）行けと言われて行ったことがある。極秘の施設だったんだ」と、ダグラス和田はハワイMIS退役軍人クラブでのインタビューで語っている。非常に興味深い発言だが、詳しいことは話していない。1944年5月、パンチボウルに新しい監視局が開設され、模写電送機（ファクシミリ）を使ってサンフランシスコと通信するためのロンビックアンテナも設置された。当時、翻訳はカリフォルニアで行われており、なぜ和田がこの場所に行くよう指示されたのか不明である。この無線局で傍受した通信を利用していた機関の1つがOWIだったことから、おそらく和田がOWIを手伝っていたことが関係しているのだろう。ただし、これは推測にすぎない。
23、この会話は脚色したものである。
24、日本は赤十字に支払いをする。第16条は、連合国軍の元捕虜による日本に対するその後の訴訟を禁止している。
25、ダグラス和田は、スパイ吉川が実名で公の場に浮上したと知り「はらわたが煮えくり返る思いだった」。ハワイMIS退役軍人クラブでのインタビューより。

### 〈エピローグ〉

1、『The Honolulu Advertiser』紙、1961年8月12日付。
2、武道にも同じことが言える。マーサ通りにある三上道場が1945年9月に再びその門を開けると、再始動を待ち望んでいた人々が押し寄せて、大変な人気ぶりを見せた。

### 〈付録A〉

1、NISの初代部長ジャック・ジョンソンは、「私の記憶では、1966年2月まで、ホノルル支部に女性諜報員は1人もおらず、非白人はダグラス和田だけだった」と振り返る。
2、和田自身、2007年に「Douglas Wada Remembers」の共同執筆者であるマクドナルドに、このときの逸話を語っている。
3、NIS.orgからアクセス可能。https://ncisahistory.org/wp-content/uploads/2020/09/Capt-Jack-Johnson-memo-on-the-Gestation-of-NIS-compressed.pdf
4、『布哇タイムス』紙、1980年5月28日掲載記事、「カウ対ホノルル市・郡裁判」ハワイ州中間上訴裁判所記録、1986年2月20日付。
5、和田家の墓は、サイト303、セクションC10-K、300列目。https://gravelocator.cem.va.gov/ngl/NGLMap?ID=7676357

### 〈付録B〉

1、本書著者らとのインタビューより。

Bugger は、悪党、虫けら、馬鹿野郎など、不愉快な人・物を意味する言葉。

【第 8 章】

1、〝ユス・ポスト・ベルム〟とは、ラテン語で「戦後の正義」の意味。再建の責任をもって戦争を終結させるための道徳観念を表す言葉。

2、『メトロポリス』は 1927 年に公開されたドイツ映画（日本での公開は 1929 年）。

3、法廷は 1 階にあり、2 階に裁判官たちの執務室があった。

4、和田は、ハワイ MIS 退役軍人クラブでのインタビューで次のように話している。「戦後、日本で彼を探しましたが、見つけることはできませんでした。海軍省に問い合わせると、そのような名前の者はいないというのです。びっくりしました!」

5、FLTLOSCAP（連合国最高司令官総司令部艦隊連絡部）は、駐日米太平洋艦隊司令長官の代表機関で、ダグラス・マッカーサー最高司令官を長とし、日本の降伏に関連する事項を取り扱う。

6、のちに、ある白人尋問官は「彼は平均的な日本人よりもずっと頭の回転が早く、的確な物の考え方ができる人物」と記している。

7、『真珠湾攻撃に関する上下両院合同調査委員会聴聞会記録』（Doc. 244, 79th Cong., 2d session, Part. 13, Exhibit No. 8, pp. 391-4）より。

8、前掲文書より。

9、源田はこの言葉を生前たびたび口にしていた。もし真珠湾攻撃を幾度か繰り返し、重油タンクなど真珠湾基地の重要基盤を破壊していれば、米側は復旧に長期を要することになり、戦争の流れは変わっていたという見方も多い。

10、A 級犯罪：日本の上層指導者に問われた「平和に対する罪」。B、C 級犯罪：戦犯人のランクに関係なく問われた「通例の戦争犯罪」および「人道に対する罪」。

11、『ザ・ニューヨーカー』紙、1946 年 10 月 19 日号で取り上げられている。

12、ハワイ MIS 退役軍人クラブでのインタビューで語られた和田の言葉を引用したもの。和田は同インタビューの中で、当時直面した葛藤や不満について話している。

13、検察側立証は 1947 年 1 月 24 日まで続いた。1948 年 12 月 23 日、東條英樹ほか 6 名が、巣鴨プリズンで絞首刑に処せられる。残りの被告のうち 16 名は、終身刑を受けた。極東国際軍事裁判では、真珠湾攻撃が国際法に違反していたか否かについて、明確な判決は下されなかった。

14、この情報は、和田が海軍に勤務することを知っている警察官か地域住民からもたらされた可能性がある。和田は独自のインフォーマント網を構築していなかったが、情報を持っている人からの接触は常に受け入れていた。和田が作成した ONI 極秘報告書には、「信頼のおける情報元」とだけ示されている。海軍情報局に所属する唯一の日系 2 世という立場を考えれば、和田は明らかに、日系社会と当局とをつなぐ、ほかに類のない橋渡し役だったといえる。

15、1947 年 3 月 17 日付の極秘文書には、和田の雇用形態は「民間 ONI 捜査員」、この年の年間賞与額は 4000 ドルと記載されている。

16、この覚書は、事代堂に関する FBI 記録に追加されている。https://archive.org/details/RichardKotoshirodo から閲覧可能である。

17、金刀比羅神社対マクグラス裁判：連邦判例集 90-829（ハワイ地裁、1950 年）より。

18、前掲書類より。

19、1950 年度合衆国国勢調査記録より。

20、『Honolulu Star-Bulletin』紙、1950 年 6 月 27 日掲載記事より。

21、和子は帰国の数週間後、月刊誌『文藝春秋』に掲載されたインタビューの中で、このときの会話について語っている。和田は、船田中衆議院議長、淺沼警察庁長官、大平、岸、古谷国会議員など、日本の政府高官〝御用達〟のツアーガイドになった。また、ディック・チェイニー米国防長官にホノルルを案内したこともある。

僧 234 人を逮捕しているが、2 世の仏僧で逮捕されたのは 13 人だった。ケリー・Y・ナカムラ著「Bishop Mitsumyo Tottori: Patriotism Through Buddhism During World War II」より。『The Hawaiian Journal of History』誌（vol.51）、ハワイ大学出版会、2017 年刊。

2、その中には、ダグラス和田が潜入任務としてホノルルの税関に勤めていたときの同僚、村上〝ハンチー〟登もいた。

3、第 442 連隊は、1 万 8000 個以上の個人勲章を授与されるなど、米軍史上最も多くの勲章を獲得した部隊となった。

4、『The Honolulu Advertiser』紙、1961 年 8 月 12 日掲載記事より。

5、吉川猛夫著『Japan's Spy at Pearl Harbor』（アンドリュー・ミッチェル英訳、McFarland 出版、ノースカロライナ州ジェファーソン、2020 年）より。

6、スティーブン・C・メルカード著「Intelligence in Public Media」より。『Studies in Intelligence』誌 64 号第 2 部（2020 年 6 月）掲載。

7、大西瀧治郎中将は、日本は「あと 2000 万人の『特攻』を出せば必ず勝てる」と主張した。彼はのちに自らの信念に従い、降伏よりも自決を選んだ。

8、11 月、ヘンリー・アーノルド司令官は、12 月 7 日の象徴として皇居に対する空爆要請に応える。「我々は、工場や埠頭などの施設を狙うという健全姿勢を維持する」と答え、「そのあとで、東京全土を破壊する」マイケル・S・シェリー著『The Rise of American Air Power: The Creation of Armageddon』（イェール大学出版局、ニューヘイヴン、1987 年）から引用。

9、吉川猛夫著『Japan's Spy at Pearl Harbor』（アンドリュー・ミッチェル英訳、McFarland 出版、ノースカロライナ州ジェファーソン、2020 年）より。

10、前掲書より。

11、和田はインタビューの中で、この部署で働き伝単（戦争宣伝ビラ）をデザインしていたことを話している。スミスのこのコメントは、『Honolulu Magazine』誌（1947 年 2 月号）掲載の「How Propaganda Leaflets Prepared in the Islands Helped End World War Two」と題したインタビュー記事の言葉をもとに脚色したもの。

12、和田は、スミスが立ち上げた制作団に協力し、宣伝ビラの製作に携わったと話す。会話は脚色したものだが、話に出てくる 10 円札や桐の葉を模したビラは実際に存在した。

13、MIS の語学学校（LS）は、6000 人を超える言語のプロを輩出している。チャールズ・ウィロビー少尉は、MISLS の卒業生について「（MISLS を卒業した）2 世の働きは、太平洋戦争を 2 年早く終わらせ、100 万人近いアメリカ人の命を救い、おそらくは数十億ドルという資金の節約にもつながった」と述べている。

14、デニス・M. 小川著『First Among Nisei: The Life and Writings of Masaji Marumoto』（ハワイ大学出版会、ホノルル、2007 年）より。

15、『The Honolulu Advertiser』紙、1945 年 8 月 15 日掲載記事より。

16、吉川は自身の回顧録の中で、妻と娘を東京駅で見送ったときのことに触れ、悲嘆に暮れたと語っている。吉川猛夫著『Japan's Spy at Pearl Harbor』（アンドリュー・ミッチェル英訳、McFarland 出版、ノースカロライナ州ジェファーソン、2020 年）より。

17、前掲書より。

18、前掲書より。

19、欧州諮問委員会によって布告されたニュルンベルク憲章（国際軍事裁判所憲章）は、1945 年 8 月 8 日に調印された。

20、ハワイ MIS 退役軍人クラブでのインタビューより。和田は、森村を探すよう任ぜられたと言うが、誰がそれを命じたのかは明かしていない。この会話は、この任務に対して和田自身が最初に抱いた感情をもとに脚色表現したものである。彼はインタビューの中で、スパイ森本のことを「bugger」と呼んでいる。

14、吉川猛夫著『Japan's Spy at Pearl Harbor』（アンドリュー・ミッチェル訳、McFarland 出版、ノースカロライナ州ジェファーソン、2020 年刊）より。
15、前掲書より。
16、『The Kansas City Star』紙、1942 年 3 月 10 日掲載記事より。
17、マイケル・コーダ著『Ike: An American Hero』（ハーパーコリンズ出版、ニューヨーク州、2007 年刊）より。
18、WRA は、ドイツ系およびイタリア系アメリカ人の抑留者 2000 人については管轄していなかった。このグループから日系人を分離しなるべく早く彼らを解放するというのが、リングルの提案の 1 つだった。
19、著者たちとのインタビューで、リングルの息子のケネス・リングル・ジュニアは、彼の父は人道的待遇を求めるアイゼンハワーの嘆願に突き動かされたと語っている。
20、前述のインタビューより。リングルは、彼の報告書を『ハーパーズバザー』誌にリークし、1942 年 10 月号に「The Japanese in America – The Problem and the Solution（アメリカの日本人――問題と解決策）」というタイトルで掲載された。執筆者名は「とある情報将校」となっている。リングル・ジュニアは、世俗的だった父親には、アメリカ中西部の道徳観念が根付いていたと話す。「父は、生まれ育ったカンザスの民主主義の伝統を受け継いでいました。ハリー・トルーマンのことは嫌っていましたが、父とトルーマンは多くの点でよく似ていたと思います」
21、ヘンリー・マクレモア執筆の寄稿文「This is War! Stop Worrying About Hurting Jap Feelings」より。『シアトル・タイムズ』紙、1942 年 1 月 30 日掲載。
22、また、陸軍 G-2 ケンダル・J・フィールダー大佐の名も特筆するに値する。
23、「戦争の勃発と拡大が、日系人の家庭やコミュニティにおける 1 世の指導力を失墜させた。日系社会で名声を馳せていた何人かが抑留されている。実際、アメリカ当局の抑留者選抜基準は、名声だったと言えるかもしれない」バーンハード・L・ホーマン著「Postwar Problems of Issei in Hawaii」より。『Far Eastern Survey』15、18 号（1946 年 9 月 11 日）、太平洋問題調査会刊行。
24、吉田重雄著「Emergency Service Committee」より。第 100 歩兵大隊結成 30 周年記念同期会報（1972 年 6 月）掲載。
25、こうした仕打ちを受けたにもかかわらず、岡崎星史郎はほどなくして、米陸軍の徒手格闘マニュアルの製作に協力している。
26、預金を失ったのは久吉だけではない。ほかの 2 行の日系銀行、太平洋銀行（資産総額 280 万ドル）および住友銀行（約 200 万ドル）も同様に解体された。
27、ハワイ MIS 退役軍人クラブでのインタビューより。
28、「Letter from Douglas T. Wada to Commander, US Army Intelligence Center」（1993 年 1 月 9 日）より。
29、前掲文書より。
30、吉川猛夫著『Japan's Spy at Pearl Harbor』（アンドリュー・ミッチェル英訳、McFarland 出版、ノースカロライナ州ジェファーソン、2020 年）より。
31、研究者のマット・パーソンズは、FBI とハワイ日本文化センターの記録を照らし合わせ、救済船で日本へ送られた人々の全リストを作成した。
32、戦時中、当局はハワイと本土に住んでいた 1 世の仏僧 234 人を逮捕しているが、2 世の仏僧で逮捕されたのは 13 人だった。ケリー・Y・ナカムラ著「Bishop Mitsumyo Tottori：Patriotism Through Buddhism During World War II」より。『The Hawaiian Journal of History』誌（vol. 51）、ハワイ大学出版会、2017 年刊。
33、現在のモザンビークの首都マプト。

**【第 7 章】**

1、再開しても祭司を務められる人を探すのは容易ではなく、残っている宗教指導者のほとんどはアメリカ生まれである。戦時中、当局はハワイと本土に住んでいた 1 世の仏アルを作成したセシル・コギンスの典型的理念である。

21、バッテリーに海水が触れると、水素と塩素のガスが発生する。

22、この報告書には取り調べの詳細が記されており、2人の会話等脚色部分の下地になっている。同報告文は、1946年度米国議会の議事録「Proceedings of the Hewitt Inquiry」に記載されたもの。

23、レイトンの覚書も1946年度米国議会議事録「Proceedings of the Hewitt Inquiry」に記載。

24、ハワイMIS退役軍人クラブでのインタビューで、甲標的の中から見つかった真珠湾情報の正確さに対する和田のリアクションが語られている。

25、この会話は脚色したものだが、ハワイMIS退役軍人クラブでのインタビューの中で和田は、岩井は日本に住んだことがなかったので翻訳に関しては自分を頼りにしていたと話している。

26、ハワイMIS退役軍人クラブでのインタビューより。

27、和田の近隣住人は和田家ほど幸運ではなかった。マット・パーソンズとヴィクター・マクファーソンが収集・分析したFBIの記録によれば、この日、和田の実家から半径1.5マイルの範囲で少なくとも17人が拘束された。

28、磯部節（Isobe, Misao）「ハワイ州被収容者名簿」調べ。https://internee directory.jcch.com/jp/internee/isobe-misao

**【第6章】**

1、メイフィールドが読んだ電文は、正確な翻訳ではない。真珠湾攻撃の直後、ステーション・ハイポの暗号解読員は、ハイポに配属されていた日本語翻訳者のジョセフ・フィネガン海軍大尉に解読結果を渡した。フィネガンは、最初の段落の末尾に書かれていた「これらの場所に対する奇襲を有利にする機会は十分に残されている」という一文を、正しく訳していなかった。誤訳された「森村の12月6日の電文」は、ヘンリー・ケント・ヒューイット大将が行った真珠湾攻撃に関する調査によって、1946年に公表された。

2、T・S・ウィルキンソン「ONI Memorandum to the Secretary, Subject: Espionage in Hawaii」1942年1月13日。

3、前掲文書。

4、『Order to the Provost Marshal by the Office of the Military Governor, Territory of Hawaii』内「In the Matter of the Confinement of Bernard Julius Otto Kuehn」1942年11月7日筆。証拠物件第52号として議事録『Proceedings of the Army Pearl Harbor Board』に掲載。

5、『The Press Democrat』紙、1941年12月16日掲載記事より。

6、『真珠湾攻撃に関する上下両院合同調査委員会聴聞会記録』S. Doc. No. 79-27（1946）より。

7、前掲文書より。

8、『真珠湾攻撃に関する上下両院合同調査委員会聴聞会記録』S. Doc. No. 79-27（1946）のクラウゼン調査議事録より。https://www.google.com/books/edition/Hearings/P0LkOsQtAbkC?hl=en&gbpv=0

9、前掲文書より。

10、和田はこのやり取りの詳細を、ハワイMIS退役軍人クラブでのインタビューで語っている。

11、彼の諜報技術は、本書の第1章でも紹介したONIの公式な課報マニュアル『Manual of Investigations of the Office of Naval Intelligence』の土台になっている。

12、ハワイMIS退役軍人クラブでのインタビューより。

13、日本軍は、ミッドウェイ海戦前の5月30日にも飛行艇によるハワイ空襲を計画していた。給油艦の艦長は、中継地であるフレンチ・フリゲート瀬に到着した際、一帯を警備する敵艦を目にして作戦を中止した。米空母の位置を特定できなかった南雲中将は、ミッドウェイでアメリカの罠にはまり、太平洋戦争の流れを一気に変えることになる。

掲載の「Remember Pearl Harbor」に書かれた別の乗組員の言葉をディブダルが引用したものより。

5、駆逐艦「ヘルム」(DD-388)の1941年12月7日の航海日誌より。

6、前掲文書。

7、『Naval History and Heritage Command』掲載、1941年12月11日付「USS *Helm*, Report of Pearl Harbor Attack」より。https://www.history.navy.mil/research/archives/digital-exhibits-highlights/action-reports/wwii-pearl-harbor-attack/ships-d-l/uss-helm-dd-388-action-report.html

8、前掲文書より。「0820:トライポッド・リーフ付近にて潜水艦に対し砲撃開始。方位290度、1番ブイからの距離1200ヤード。いずれも命中せず。しかし、数弾は至近距離に着水、水柱を確認。同艦は船底が岩礁に乗り上げていた模様。波間に船体の1部が露出。こちらが砲撃を続けるなか、潜水艦は離礁したとみられ、再び海中へ潜航していった」

9、スー・イソナガへのインタビュー「The Hawai'i Nisei Story: Americans of Japanese Ancestry During WW II」より。ハワイ大学マノア校オーラル・ヒストリー・センター、ハミルトン図書館、およびカピオラニ・コミュニティ・カレッジ共同プロジェクト。

10、吉川猛夫著『Japan's Spy at Pearl Harbor』(アンドリュー・ミッチェル訳、McFarland出版、ノースカロライナ州ジェファーソン、2020年)より。

11、アメリカ軍の対空砲火で落ちてきた弾片や不発弾により、40人以上の市民が死亡している。

12、ハワイMIS退役軍人クラブでのインタビューで、和田は日本軍の奇襲攻撃や侵略の可能性について当時感じたことを語り、警官とのやり取りについても話している。この警官の言葉は「海軍が自分たちの諜報員からの報告を待っている」という意味だったのかもしれないし、その朝なかなか姿を見せない和田を探していたラジオ放送のことを言っていたのかもしれない。のちにメイフィールドは、逮捕する用意があったことを和田に話している。

13、遅れて来た和田に対するメイフィールドの反応は、和田がハワイMIS退役軍人クラブでのインタビューで語っていたことである。会話の後半は脚色している。

14、和田はあるインタビューの中で、実際にあった出来事について言及している。当時、このことは一般には伏せられていた。

15、ハワイMIS退役軍人クラブでのインタビューにて。「Q:真珠湾攻撃直後、日本が敵国となり、今後は日本人として苦しい立場に置かれるとも感じましたか? 和田:はい、私にとって辛いことになると思いました」

16、前掲のインタビューより。

17、ジム・シュロッサー筆「Once-Quiet Sunday Turned World to War」より。『Greensboro News & Record』1991年11月30日掲載。

18、海軍情報局が酒巻を引き取りに来た際、プライボンは復讐心を滲ませながら「こいつをあのアレクサンダー・ヤング・ホテル(〝fucking〟Alexsander Young Hotel)へ連れて行くんだな?」と言ったという。

19、和田と岩井は、日本の「武士道」の心理を利用して囚人の心を砕き曲げさせることができた最初のアメリカ人である。米外交官ウルリック・ストラウスは、著書『戦陣訓の呪縛:捕虜たちの太平洋戦争』(吹浦忠正訳、中央公論新社、2005年/原書名『The Anguish of Surrender : Japanese POWs of World War II』〈ワシントン大学出版、シアトル、2005年〉)の中で、次のように述べている:「いかなる情報も漏らすまいと決意した捕虜にとって、沈黙は最良の武器である。しかしながら、日本軍捕虜の中で実際にそれを遵守した者は皆無であった」

20、ONIの訓練マニュアルには、尋問は軽いアプローチが推奨されている:「高圧的な尋問手法は推奨されない。そのような戦術は当機関に不利に働く可能性があるだけでなく、捜査活動において、力は頭脳の代わりにはならないからである」これは、訓練マニュ

の監視を引き継いでいたでしょう」

30、「ONIは、数年にわたり領事館の全電話回線を盗聴していたはずでしたが、調理室の電話1本だけがカバーされていませんでした。そこで私は、この回線にも盗聴器を仕掛け、その結果、総領事が1941年12月3日にすべての重要書類を破棄したという情報を入手するに至りました。すでに証言したとおり、私は、ONIが1941年12月7日まで領事館のほかの電話回線すべてをカバーしていると思っていました。DIOの指令で1941年12月2日にONIが盗聴作戦を終了させていたことは、今日まで一切知らされていなかったのです。もしONIが盗聴器を撤収したことを知っていたなら、代わりにFBIが全回線の監視を引き継いでいたでしょう」ロバート・シヴァーズの証言より。議事録「Proceedings of the Clausen Investigation」(1944年4月20日)。

31、1941年12月6日のFBIの覚書。1944年11月25日に連邦議会に提出された証言議事録「Proceedings of the Clausen Investigation」より。

32、1944年4月13日に連邦議会に提出された証言議事録「Proceedings of the Hart Inquiry」より。「Q:日本総領事からケーブルもしくは無線で送信されたメッセージのコピーは、あなたの組織でも入手可能でしたか? メイフィールド:いいえ、ラジオ・コーポレーション・オブ・アメリカ社のサーノフ氏に会うまでは、入手できませんでした。総領事は複数の通信会社を交代で利用して公電を送っていました。11月はマッケイ・ラジオ・カンパニー社が通信を担当していたと記憶しています。1941年12月1日からRCA社に切り替わりました。それからは、RCA社から総領事が送受信したすべての電文を入手することができましたが、内容はすべて暗号化されていて、私にはそれらを解読できる組織がありませんでしたので、別の組織に解読を依頼する必要がありました」

33、海軍情報局破壊活動対策課が作成した極秘メモ「Japanese Intelligence and Propaganda in the US During 1941」より。1941年12月4日。

34、アメリカの書類には階級が「sub-lieutenant」と記されている。これは、第2次世界大戦中の日本の海軍の「ensign(少尉)」と「lieutenant(大尉)」の中間の位(中尉)である。酒巻の回顧録『I Attacked Pearl Harbor』では、本人が自分の階級を「ensign(少尉)」と書いている。

35、「もし日本軍が無線封止を厳守していたというなら、どうやってこれらのメッセージを受け取れたというのか? 無線封止には海軍軍令部や山本提督との長波または短波の無線通信は含まれていなかった。この通信は〈Tokyo Fleet Broadcast〉(帝国艦隊放送)と呼ばれ、艦隊の位置情報を漏らさすことなく、新しいメッセージを古くて重要ではない情報の中に混ぜ込んで送信していたのである」フィリップ・H・ジェイコブセン元米海軍中佐筆。『Naval History Magagine』誌(Vol. 17)、2003年12月号より。

36、酒巻和男著『I Attacked Pearl Harbor』(松本亨 英訳、ロールストンプレス、2017年6月)。同書内では自身の所属潜水戦隊名を「A-24」と記している[訳註:同書は英訳書のため、英訳に誤りがあった可能性がある]。

37、前掲書:酒巻はこのような言葉で当時の感情を表している。

38、前掲書。

**【第5章】**

1、電文は厳重に暗号化されていただけでなく、送信された無線電波から連合国が機動部隊の位置や進む方角を知ることは不可能である。

2、アメリカ海軍駆逐艦「ヘルム」(DD-388)の1941年12月7日の航海日誌より。

3、ヴィクター・A・ディブダル元米海軍少将筆「What a Way to Start a War」、『Naval History Magazine』誌(Vol. 15)、2001年12月号掲載。

4、前掲書、および『Inside Worster』(1991.12)

トンの著書『太平洋戦争暗号作戦〈上・下〉:アメリカ太平洋艦隊情報参謀の証言』(毎日新聞外信グループ訳、シーシーシーメディアハウス、1987年)に、この一件が明確に記されている。ワシントンの高官らは、パープルと呼称された日本の最高機密レベルの外交暗号を解読していたが、現地司令官らには(ダグラス・マッカーサー大将を除いて)ほぼまったく共有されなかた。そのため、ホノルルの日本総領事館が送受信した最も重大な情報が、誰よりも役に立てられたはずの者たちの手には届かなかったのである。

15、『真珠湾攻撃に関する上下両院合同調査委員会聴聞会記録』S. Doc. No. 79-27(1946)議事録「Proceedings of H. Kent Hewitt Inquiry of Pearl Harbor Attack, 1941」より。

16、岡崎は十代で肺結核を患うが、柔道に打ち込み体を鍛えたおかげで病を克服し、以来、柔道を極めることに生涯を捧げた。彼はまた、伝説のマッサージ師(柔道整復師)としても有名で、30年代にフランクリン・D・ローズヴェルト大統領がハワイ諸島を訪れた際、大統領にマッサージを施している。

17、『真珠湾攻撃に関する上下両院合同調査委員会聴聞会記録』S. Doc. No. 79-27(1946)議事録「Proceedings of H. Kent Hewitt Inquiry of Pearl Harbor Attack, 1941」より。

18、「私のお気に入りの見晴らし場所は、真珠湾を見下ろす粋な日本料亭だった。『春潮楼』と呼ばれていた。どんな艦船が入港し、どれくらいの兵器を積載し、だれが指揮官で、どんな物資を積んでいるのかがわかった」吉川猛夫著『Japan's Spy at Pearl Harbor』(アンドリュー・ミッチェル訳、McFarland出版、ノースカロライナ州ジェファーソン、2020年/原書:『東の風、雨:真珠湾スパイの回想』講談社、1963年)より。

19、前掲に同じ。

20、「しょっちゅう酔っ払って、夜は官舎に女性を連れ込むことも多く、仕事には気の向くままに遅刻したり来なかったりで、ときには総領事に暴言を吐くこともあった。自分は何をしても咎められないと思っているような振る舞いだった」1954年7月12日に作成された、H・ケント・ヒューウィット大将から海軍長官への報告書より。

21、前掲に同じ。

22、吉川猛夫著『Japan's Spy at Pearl Harbor』より。

23、『真珠湾攻撃に関する上下両院合同調査委員会聴聞会記録』S. Doc. No. 79-27(1946)より。

24、吉川猛夫著『Japan's Spy at Pearl Harbor』より

25、前掲書。

26、前掲書。また、聴聞会でのキューンの供述を含む議事録「Proceedings of the Army Pearl Harbor Board」の証言52号の「In the Matter of the Confinement of Bernard Otto Kuehn」(ハワイ準州軍政府、1942年)でも触れている。

27、「In the Matter of the Confinement of Bernard Otto Kuehn」(ハワイ準州軍政府、1942年)より。

28、『真珠湾攻撃に関する上下両院合同調査委員会聴聞会記録』S. Doc. No. 79-27(1946)より。

29、第79議会「Proceedings of the Clausen Investigation」(1945年4月20日)に記録されたシヴァーズの証言より。「ONIは、数年にわたり領事館の全電話回線を盗聴していたはずでしたが、調理室の電話1本だけがカバーされていませんでした。そこで私は、この回線にも盗聴器を仕掛け、その結果、総領事が1941年12月3日にすべての重要書類を破棄したという情報を入手するに至りました。すでに証言したとおり、私は、ONIが41年12月7日までのあいだ領事館のほかの電話回線すべてをカバーしていると思っていました。DIOの指令で41年12月2日にONIが盗聴作戦を終了させていたことは、今日まで1切知らされていなかったのです。もしONIが盗聴器を撤収したことを知っていたなら、代わりにFBIが全回線

15、ハワイ退役軍人クラブでのインタビューより。和田はまた、岩井について「彼がどんな諜報活動に従事していたのか、詳しくは知りません。そういう話は、お互いに口にしませんでした」と話している。

【第4章】

1、『Associated Press』 紙、1941年6月11日掲載記事「Former Sailor Praised for Exposing Jap Spies」より。

2、ケネス・リングル・ジュニアは本書著者らとのインタビューで、「日系アメリカ人たちは、この手の人たちに心底腹を立てていたようで、誰が該当者かを父に通報してきました。父とFBIは、真珠湾攻撃の直後、真っ先にその扇動者らを逮捕しています。その全員がカリフォルニアにいたのです」と語っている。

3、リングル大佐はのちに、息子に宛てた手紙にカリフォルニアの状況を綴っている。「西海岸にいる日本人は、彼（リングル父）が10年前に日本で見知った日本人とは随分違っていたそうです。日本の文化の多くを保持しながらも、より1層アメリカナイズされていて、ほかの国からの移民たちと同じように、アメリカという国とそこで築くことができるより良い生活へのビジョンを強く信じていました」『ワシントン・ポスト』紙1981年12月6日掲載、ケネス・リングル・ジュニア談「What Did You Do Before the War, Dad?」より。

4、ケネス・リングル・ジュニアと著者らとのインタビュー、および『ワシントン・ポスト』紙への寄稿「What Did You Do Before the War, Dad?」（1981年12月6日掲載）より。https://www.washingtonpost.com/archive/lifestyle/magazine/1981/12/06/what-did-you-do-before-the-war-dad/a80178d5–82e6–4145-be4c-4e14691bdb6b/

5、チャイナタウンは1941年よりかなり以前から、ホノルルの色街となっていた。風俗嬢は「エンターテイナー（芸能従事者）」として市に登録し、大抵は建物の2階にある売春宿で働いていたため、夜、風俗遊びをすることを俗語で「2階へ行く」と言っていた。

6、和田は、ハワイMIS退役軍人クラブでのインタビューで、情報機関は吉川の存在を認識していたと話している。「私たちは、彼がアレワハイツに現れた日を毎回把握していました。〝夏の家〟（旧春潮楼）へ行っては写真を撮っていたのです。それを阻止することは、できませんでした」『The Intelligencer: Journal of U.S. Intelligence Studies』2020年冬・春号掲載の記事によると、陸軍もFBIも吉川を監視していたことが報告されている。

7、800ページにおよぶ「クラウゼン調査議事録」に記述されている。「Report of Investigation by Lt. Colonel, Henry C. Clausen. JAGD, for the Secretary of War, Supplementary to Proceedings of the Army Pearl Harbor Board」（アメリカ合衆国政府印刷局、ワシントンDC、1946年発行）。

8、デニス・M. 小川著『First Among Nisei：The Life and Writings of Masaji Marumoto』（ハワイ大学出版会、ホノルル、2007年）

9、ドキュメント番号0006122443「Intelligence Lessons from Pearl Harbor」、CIAのサイト「Freedom of Information Act Reading Room」よりアクセス：https://www.cia.gov/readingroom/document/0006122443

10、ローズヴェルトの日誌「Day by Day」より:「午前11時10分、記者会見#758、ニューヨーク、ハイドパーク、書斎にて」

11、「Memorandum For Col. Bicknell, Subject : Local Japanese Situation During the Period 26-31 July 1941」より。1941年8月、アメリカ陸軍。

12、前掲文書に同じ。

13、『The Honolulu Advertiser』 紙、1949年11月10日掲載記事より。

14、『真珠湾攻撃に関する上下両院合同調査委員会聴聞会記録』S. Doc. No. 79-27（1946） 議事録「Proceedings of H. Kent Hewitt Inquiry of Pearl Harbor Attack, 1941」より。https://www.ibiblio.org/pha/pha/hewitt/hewitt-3.html からアクセス。エドウィン・レイ

## 【第3章】

1、吉川猛夫著『Japan's Spy at Pearl Harbor』(アンドリュー・ミッチェル訳、McFarland 出版、ノースカロライナ州ジェファーソン、2020年／原書:『東の風、雨：真珠湾スパイの回想』講談社、1963年)。吉川はこの回顧録の中で、シエラレオネを出航した17隻の兵員輸送船が撃沈されたと書いている。この記述と一致するUボートの攻撃記録は見つかっていない。

2、前掲書で、吉川は詳細を語っている。

3、『The Honolulu Advertiser』紙、1941年1月16日掲載、「Naval Agents Get New Office」より。

4、連邦政府に送られた海軍情報局の覚書「JAPANESE INTELLIGENCE AND PROPAGANDA IN THE NITED STATES DURING 1941」(1941年12月4日付)より。http://www.mansell.com/eo9066/1941/41-12/IA021.html

5、前掲に同じ。

6、この動きに関して、学術誌『Journal of Contemporary History』第42号2版(2007年4月刊行)掲載のマックス・エヴェレスト＝フィリップスによる論文「The Pre-War Fear of Japanese Espionage: Its Impact and Legacy」に論じられている。

7、ハワイMIS退役軍人クラブでのインタビューより。

8、エマニュエルはのちに、真珠湾攻撃を調査する陸軍委員会への証言の中で次のように述べている。「私の職務と活動には、ホノルル日本総領事館および同館職員が発着信した通話の内容を傍受することが含まれていた。そうした会話は、1941年1月から12月7日までに私が入手したものだ」『真珠湾攻撃に関する上下両院合同調査委員会聴聞会記録』S. Doc. No. 79-27 (1946) より。https://ia601308.us.archive.org/15/items/pearlharborattac35unit/pearlharborattac35unit_bw.pdf

9、ディック・マクドナルド元海軍大佐およびディック・パーソンズ元海軍予備役大尉の証言。『Naval Intelligence Professionals Journal』誌(2007)掲載「Douglas Wada Remembers」より。

10、郡司喜一は総領事を交代させられた。帰国後間もなく東京で行った講演で、在ハワイ邦人の天皇に対する忠誠心について熱弁している。喜多のホノルル着任については、『日布時事』をはじめとする複数の地元紙で取り上げられた。

11、メイフィールドはこのとき、第14軍管区指揮官クロード・ブロック少尉の直属の部下である。

12、デンゼル・カーは、『真珠湾の真実――ルーズベルト欺瞞の日々』(妹尾作太男 訳、文藝春秋刊、2001年6月)の著者であるロバート・スティネットに、このスパイ活動の特殊な手法について説明している。スティネットは同著書で、ローズヴェルト大統領が真珠湾攻撃を知りながらあえて無視して戦争を誘発させたと結論付けているが、この陰謀論は概ね誤りであると指摘されている。それでも、スティネットは詳細について1次情報源にインタビューしており、このインタビューの内容に対する反論は今のところみられない。陸海軍およびFBIがホノルル勤務の領事館員全員の身元を調べていたことから、「森村」がハワイ到着直後から米諜報コミュニティ全体に知られていても何ら不思議はない。1936年、ホワイトハウスは海軍に対し、アメリカに上陸するすべての日本人市民・非市民を記録するよう命じている。本書には、これ以外で同著書からの情報をもとにした箇所はない。

13、黒龍会は、当時結成されたばかりの宗教組織「ネーション・オブ・イスラム」とも直接的なつながりを持っていた。黒龍会の創始者が亡くなった1937年以降は、日本や海外におけるその影響力は衰えつつある。

14、「アメリカ陸軍情報センター司令官に宛てたダグラス・T和田の手紙」(1994年5月20日)の中で、和田は(再び)岩井のアメリカ軍情報部殿堂(Military Intelligence Hall of Fame)入りを推挙している。

Journal』誌（2007）掲載「Douglas Wada Remembers」より。和田の同僚だった彼らは、和田から直接ブラックルームのことを聞いたと話している。

11、和田はのちに、この時期「日系コミュニティから冷ややかな目で見られていた」と語っている。ダグラス和田「Letter to Commander, US Army Intelligence Center Re：Gero Iwai」（1994年5月20日）より。この手紙は、アリゾナ州フォートフアチュカの陸軍情報博物館（Army Intelligence Museum）の歴史学者、ロリ・スチュワートが発見し、共有してくれたもの。

12、ヘレン太田の経歴は、国勢調査記録、船舶乗客名簿、1967年9月22日付の『Honolulu Star-Bulletin』紙でたどることができる。1940年の国勢調査でヘレンの母の名が"Kiku Kawasoe"（川添キク）になっているが、43年7月16日付の『The Honolulu Advertiser』紙の結婚報告欄に2人の名前が掲載されていることから、おそらく、しばらくのあいだ入籍を伏せていたようである。この記事に記載されている結婚立会人と、ヘレンと和田の結婚立会人が同じ名前なので、先のカップルがヘレンの母と継父であることは間違いないと思われる。

13、デニス・M.小川著『First Among Nisei：The Life and Writings of Masaji Marumoto』

14、米公文書記録管理局に残る記録として歴史研究家のマイケル・スラックマンが明かした話では、陸軍大将ジョージ・パットンは1930年代中頃、丸本を初期のスパイ容疑者リストに加えている。UPI通信アーカイブ、1984年2月27日。

15、これは、和田の同僚のディック・マクドナルドとディック・パーソンズが、和田本人から直接聞いた話をもとに書いた和田の伝記を読んで推測したことである。それによると「丸本は、自身が代理人を務めた日本人会に対する訴訟で、海軍情報局側の証人として和田に出会った」とある。丸本は非常に多くの組織の弁護を引き受けていたので、この訴訟がどの団体のものだったのかを特定することは難しくそれがわかる記録も現存していない。「私の正体がバレる」ことを上司が恐れていたという和田の言葉は、次の文書の中から引用したものである。ディック・マクドナルド元海軍大佐およびディック・パーソンズ元海軍予備役大尉の証言。『Naval Intelligence Professionals Journal』誌（2007）掲載「Douglas Wada Remembers」

16、ディック・マクドナルド、ディック・パーソンズ執筆「Douglas Wada Remembers」

17、デニス・M.小川著『First Among Nisei：The Life and Writings of Masaji Marumoto』より。この運命の出会いに関して「酒を飲みすぎて、同じテーブルに誰がいたのかまったく思い出せなかった」という丸本の言葉が引用されている。

18、和田は、ハワイMIS退役軍人クラブのインタビューで、「飛行機の通信を傍受することで、たくさんの空母の位置を特定することができた」と述べている。この仕事は、本来は和田の担当職務外であり、MAGIC［訳註：パープル解読によって得た日本の機密暗号電報］レベルに該当するため、極秘任務だった。和田はまた、晩年の会話の中で、自分がMAGICレベルの任務に携わっていたことを明かしている（ケネス・リングル・ジュニアと著者らとのインタビューより）。ハワイMIS退役軍人クラブでのインタビューで、戦闘情報将校のエドウィン・レイトン中佐（1940年12月に着任）が自分に任務を与えなかったと話していることから、空母の追跡は和田の主な任務ではなかったと考えられる。海軍予備役兵が多数投入されたこと人員不足は解消され、和田には別の任務が与えられた。

19、マクドナルドおよびパーソンズ、「Douglas Wada Remembers」より。

20、1940年度アメリカ合衆国国勢調査より。

21、『日布時事』紙、1940年7月29日掲載記事より。

22、トム・ホフマン著『Inclusion』からの引用るからである」1941年12月4日に記された海軍情報局覚書「subject：JAPANESE INTELLIGENCE AND PROPAGANDA IN THE UNITED STATES DURING 1941（件名：1941年中のアメリカにおける日本の諜報およびプロパガンダ活動）」より。

50、あるとき裁判官が「社の正面に鳥居があることや全体的な外観からみても、原告の神社は日本の国家神道の神社に類似していたと言える」と指摘し、そのために米政府の疑念を招いたと結論づけている。金刀比羅神社対マクグラス裁判：連邦判例集 90 F-829（ハワイ地裁、1950年）。

51、米太平洋艦隊司令官ウィリアム・スミス中佐は、のちに議会で「住職や宮司の中には元陸軍将校がいることは何年も前から判明していた」と証言し、「元情報将校のキルパトリック大佐から、そうした寺社の指導者の1人を国外追放しようと試みたが、日米間の古い協定があるために何もできなかった旨の報告を受けている」と話した。『真珠湾攻撃に関する上下両院合同調査委員会聴聞会記録』S. Doc. No. 79-27（1946）。

52、仏教はハワイに根付き、広く浸透しつつある：1945年になると、ハワイ全土の神社を合わせた氏子の数は約5万人を数え、仏教徒はその約2倍にのぼった。

**【第2章】**

1、「Gifts, Money from Hawaii Go to Japan by 'Warship'（ハワイからの贈り物、寄付金が軍艦で日本へ）」『Honolulu Star-Bulletin』紙、1939年6月7日掲載記事より。このような寄付に関する報道は、日本政府の情報機関である「同盟通信社」によってもたらされ、英字メディアにも転載された。別の例として、同盟は1938年12月、中国で使用する大型トラック8台がハワイからの寄付金で購入されたと報じている。また、寄付をした人たちは「祖国を想う気持ちを示したかった」と伝えており、英字新聞がこのコメントを「Japanese Here Send 8 Trucks to China Front（ハワイ日系人らが中国の前線にトラック8台を寄贈）」と題した転載記事の中で使用している（『The Honolulu Advertiser』紙、1938年12月22日掲載記事）。

2、デニス・M. 小川著『First Among Nisei：The Life and Writings of Masaji Marumoto』（ハワイ大学出版会、ホノルル、2007年）

3、おそらく、和田は直接任官と呼ばれる制度により大尉の階級を与えられたようである。直接任官は、士官学校やROTC（予備役将校訓練課程）、あるいはOCS（士官候補生学校）を出ていない者を起用するため、非常に稀なことだった。

4、60年後、和田は海軍への直接任官を可能にしてくれたケネス・リングルを誰よりも高く評価し敬意を表している。ケネス・リングル・ジュニアは本書著者とのインタビューで、「和田は、もし私の父がいなかったら海軍士官にはなれなかっただろうと言っていました。彼は士官であったことを大変誇りに思っていましたし、その機会を与えられたことを心から感謝していました」と語った。

5、ハワイMIS退役軍人クラブでのインタビューより。

6、和田と村上との信頼関係については、ハワイMIS退役軍人クラブでのインタビューと「Douglas Wada Remembers」（2007年）で語られている。

7、『Honolulu Star-Bulletin』　紙、1939年9月5日掲載記事より。

8、ハワイMIS退役軍人クラブでのインタビューより。

9、戦後の分析によれば、帝国軍将校たちはハワイ訪問で見聞きしたことをまとめた諜報報告書を提出しており、米海軍の沿岸防衛状況を確認するためにあえてヒロで物資と水の補給を行ったという。参照：米海軍予備役少佐ウェイド・コールマン・ジュニア著「Japanese Activities Directed Against the US Indicative of Preparation for World War Ⅱ」23C242作戦の覚書、1946年6月18日作成。

10、ディック・マクドナルド元米海軍大佐およびディック・パーソンズ元米海軍予備役大尉の証言。『Naval Intelligence Professionals

グルの本来の職業の性質と、和田をその一員に引き込もうと考え始めていたことを思えば納得がいく。

34、『ワシントン・ポスト』紙、1999年3月23日掲載「Obituary：Margaret Avery Ringle Struble, Navy Wife」（おくやみ：マーガレット・エイブリー・リングル・ストラブル：海軍兵士の妻）https://www.washingtonpost.com/archive/local/1999/03/23/obituaries/b8f180fd-8b3f-4ea8-87fd-efda84d3bcdf/

35、セオドア・サールは、「マノアのフォーホースメン」と呼ばれたハワイ大学マノア校フットボール部四天王の1人。「ワンダーチーム（驚異のチーム）」と知られた1924、25年度のフットボール部で活躍し、6試合で110得点した。

36、ハワイMIS退役軍人クラブでのインタビューより。

37、このときの和田の服装は、後年に撮ったという身分証の写真をもとにしている。

38、ケネス・リングル・ジュニアと著者らとのインタビューより。

39、ケネス・リングル・ジュニアのインタビューより。リングルの息子は、次のように付け加える。「父の任務は基本的には、できるだけ多くの日系アメリカ人と知り合いになることでした。また父は、彼らに対してとても友好的でした」

40、ケネス・リングル・ジュニアのインタビューより。軍情報部もFBIも、神社や寺を日本政府のプロパガンダの発信拠点と決めつけていた。リングルは、その見解を受け入れなかったという。「父も母も、文化と思想、文化と宗教を常に切り離して考えていました。父は誰のことも、1人の人間として評価していたのです。亡くなるまで、民族や宗教といったグループのアイデンティティを批評することを、良しとしませんでした。集団に対するイメージを個人に当てはめようとするのは間違っていると、信じていたのです」

41、ケネス・リングル・ジュニアのインタビューより。和田は、ハワイMIS退役軍人クラブでのインタビューでこの採用面接での体験を語っていた。

42、陸軍では日系人の採用が行われており、ハワイ準州兵隊のほとんどが2世隊員だった。

43、この採用面接の記述は脚色されてはいるが、ハワイMIS退役軍人クラブでのインタビューで語られた和田の回想に基づいている。ホノルルでのDIOの仕事と潜入調査の要請を承諾した際の和田の反応は、彼自身が提供した会話から直接引用したものである。

44、『日布時事』紙、1937年7月9日掲載記事より。邦字新聞デジタル・コレクションからアクセス：https://hojishinbun.hoover.org

45、本田は1941年にアメリカ国籍を放棄している。日本の民間諜報部隊に所属し、名高い戦闘機乗り、グレゴリー・〝パピー〟・ボイントンを尋問した。後年、和田は本田に同情を示し、彼は［帝国軍に］従わざるをえなかったのだと語った：「彼らは［私を］徴兵していたかもしれない。本当に厳しかった。もう1人、チック本田という2世がいて、彼は徴兵されてしまった」和田は数十年経ったのちに、かつての球児仲間のことを思い出していた。

46、このマニュアルを作成したセシル・コギンスは、産科医からスパイに転身した人物で、実際に真珠湾基地内にあった第14DIO本部で働いていた。この引用文は1941年度版のマニュアルからのものだが、ONIの核となる精神である。

47、アメリカ海軍情報部は海軍作戦部長が管轄する組織で、海軍作戦本部の一部門であるONIと、海上基地や戦艦内に配備された諜報員らで構成されていた。本マニュアルは、これらすべての組織で使用されていたが、和田はこのときONIの組織体系内に属していた。

48、アメリカ海軍ONI、海軍情報部諜報員用訓練マニュアル（1941年度版）より。

49、この見方は、時が経つにつれて硬化の一途をたどっている。「というのも、両者ともかなりの程度、東京からの指示、あるいは日本の宗教界の上層部からの命に従ってい

田青年ほど、残された仲間に惜しまれ旅立ったスカウトはいない」と付け加えている。
13、ハワイ MIS 退役軍人クラブでのインタビューより。
14、1930 年の人口：京都 76 万 5142 人、ホノルル 36 万 8300 人。
15、アメリカでは、1830 年代からアマチュア球団が結成され始め、1870 年代に最初のプロリーグが誕生した。日本で最初のプロリーグが発足したのは、1930 年代である。
16、「試合は 5 対 4 で日本側が敗れたが、和田はその日本人チームでプレイした唯一のアメリカ人だった」トム・コフマン著『Inclusion: How Hawai' i Protected Japanese Americans from Mass Internment, Transformed Itself, and Changed America』（ホノルル：ハワイ大学出版会、2021 年刊）
17、1923 年までは、日本政府は移民 1 世から生まれたアメリカ国籍の子どもを自国民とみなしていた。そのため、2 世は生まれながらにして二重国籍者だったのである。1924 年に法律が改正されて以降は、1 世である親は子の日本国籍を取得するために、生後 14 日以内に出生届を提出しなければいけなくなった。
18、ハワイ MIS 退役軍人クラブでのインタビューより。「私は、日本に行く前の 1928 年に国籍を捨てています。でも、彼らにはそんなこと、どうだってよかったのです」
19、ディック・マクドナルドとディック・パターソンの話：「Douglas Wada Remembers」 和田もまた、このときの自身の記憶をハワイ MIS 退役軍人クラブでのインタビューで語っている。
20、「US Arriving and Departing Passenger and Crew Lists」 1900-1959, NARA（ハワイ州ホノルル）、「Records of Immigration and Naturalization Service」 1787-2024; Record Group Numer; RG 85, Roll Number: 188。この船の悲劇的な運命については、付録 B を参照のこと。
21、Hawaii Tourist Bureau's Annual Report（旧ハワイ州観光局）の 1930 年の年次報告書には、「ハワイを訪れた観光客による収益は、過去 10 年間で 7500 万ドルにのぼる」とある。年間 2000 人以上が訪れ、1 人平均約 500 ドルを消費している。30 年代は、大恐慌と西海岸港湾ストライキの影響で、この数字が減少した。ジェームズ・マック著「Creating "Parardise of the Pacific"」（ハワイ大学マノア校経済研究機構、2015 年 2 月 3 日）
22、ハワイ MIS 退役軍人クラブでのインタビューより。
23、1930 年米連邦国税調査、および『The Honolulu Advertiser』 紙、1961 年 8 月 12 日掲載記事より。
24、Hawaii Kotohira Jinsha ウェブサイト「History of the Shrine」 より（http://www.e-shrine.org/history.html）
25、金刀比羅神社対マクグラス裁判：連邦判例集 90-829（ハワイ地裁、1950 年）
26、「ディスカバー・ニッケイ」 ウェブサイト 2016 年 3 月 2 日掲載記事、カーリーン・C・チネン執筆「Hawaii's AJAs Play Ball—Part1」 内のパーシー・コイズミの引用文より。https://discovernikkei.org/ja/journal/2016/3/2/hawaii-aja-1/
27、ハワイ野球の歴史を記録してきた重要人物は、『The Japanese Balldom of Hawaii』（1919）の著者チンペイ・ゴトウ牧師である。前掲記事より。
28、『Honolulu Star-Bulletin』 紙、1936 年 4 月 13 日掲載記事より。
29、吉川猛夫著『Japan's Spy at Pearl Harbor』（アンドリュー・ミッチェル英訳、McFarland 出版、ノースカロライナ州ジェファーソン、2020 年刊／原書：『東の風、雨：真珠湾スパイの回想』 講談社、1963 年）より。
30、吉川猛夫著『Japan's Spy at Pearl Harbor』より。
31、吉川猛夫著『Japan's Spy at Pearl Harbor』より。
32、現在のイースト・ウエスト・センター（EWC）。
33、ケネス・リングル・ジュニアと著者らとのインタビューより。彼は両親について、非常に社交的で、小さなパーティーを頻繁に開いては家に客を招いていたと語っている。リン

# 原注

**【プロローグ】**

1、2007年には、このダイヤモンドヘッド灯台が描かれた切手がアメリカ全土で発売される。

2、2002年3月21日、テッド月山とジム田辺は、ダグラス和田にインタビューを行い、幅広いことについて話を聞いている。そのときの対話が、本書の重要な情報源となった。インタビューは、ホノルルの陸軍情報部退役軍人クラブが実施し、ハワイ日本文化センターと共有された。同センターの司書を務めるメアリー・キャンパニーによると、「このインタビューは、アメリカ合衆国議会図書館のアメリカン・フォークライフ・センター（アメリカ民俗センター）が主催する退役軍人史プロジェクトの一環として、ハワイMIS退役軍人クラブが行った」ものである。

**【第1章】**

1、『日布時事』紙、1922年12月7日掲載記事より。

2、『The Honolulu Advertiser』紙、1923年4月6日掲載記事より。

3、ハワイ陸軍情報局（MIS）退役軍人クラブでのインタビューより。和田は、兄を跳ねたタンクローリーについて、何年経っても「許せない」と語っている。

4、1920年のハワイに住む日本人移民の数は10万9000人にのぼり、同地の人口の43%を占めていた。

5、デイモンは1898年、カメハメハ王朝最後の末裔の遺言により譲り受けた40エーカーの土地に、モアナルアガーデンを作った。1924年にデイモンが死去したあとは、デイモン一族の財団が管理している。

6、『The Honolulu Advertiser』紙、1961年8月12日掲載記事より。

7、和田久吉対アソシエイテッド・オイル株式会社裁判：連邦判例集27-671（ハワイ地裁、1924年）より。この賠償額は、奪われた命に対する純損失額の算出方法を巡り控訴審で争われており、最終的な賠償額はこれより高かった可能性がある。渡航記録によると、久吉、妻のチヨ、娘たち、そして娘婿も、事故後に日本の親族を訪ねている。子どもたちの叔父のひとりが日本滞在中の連絡先として記載されている。

8、ロマンゾ・アダムズ社会調査研究所（Romanzo Adams Social Research Laboratory）資料「A Sociological Study of Palama District Along King Street from Liliha St. to Pua Lane」（1929年）。

9、ハワイ人の血を引かない外国人を意味するハワイ語だが、白人を指す俗語としても用いられている。

10、ハワイMIS退役軍人クラブでのインタビューより。ダグラス和田は、父久吉が「本当に、本当に厳しかった」と話している。

11、「Densho Visual History Collection」：トム・イケダによるサダイチ・クボタへのインタビューより。1998年7月1日、ハワイ州ホノルルにて。

12、『The Honolulu Advertiser』紙、1928年4月5日掲載記事より。和田母子の出航時の様子を、短い記事が伝えた。記事は、「和

【著者】マーク・ハーモン（Mark Harmon）

俳優、作家。世界的大ヒットドラマ『NCIS 〜ネイビー犯罪捜査班』のリロイ・ジェスロ・ギブス役。また製作総指揮も務める。多くの作品に主演し、受賞も多数ある。南カリフォルニアで生まれ、UCLA時代には全米大学フットボール財団総合優秀賞を受賞。大学はコミュニケーション学を専攻、優等生に送られる「クム・ラウデ」の称号を得て卒業している。

【著者】レオン・キャロル・ジュニア（Leon Carroll Jr.）

『NCIS 〜ネイビー犯罪捜査班』の技術顧問。ノースダコタ州立大学卒業後は、アメリカ海兵隊の士官となり、現役で6年、予備役で3年勤務し少佐に昇格。現役中は、艦隊海兵軍および輸送揚陸艦〈オグデン〉で海上勤務に就いていた。除隊後に海軍犯罪捜査局（NCIS）特別捜査官となり、空母〈レンジャー〉付き特別捜査官、およびパナマ共和国と太平洋岸北西部に置かれたNCIS支局の主任特別捜査官として勤務。

【訳者】ヤナガワ智予（やながわ・ともよ）

英語翻訳者。ブリティッシュ・コロンビア州立大学付属の英語学校にて英文学、民俗学、文明学、討論法などを学ぶ。訳書にライリー、レベンソン『THE ART OF GAME OF THRONES』、ラルディノワ『MAGNUM MAGNUM（増補改訂版）』（共訳）、ゲシュタルテン編『世界の図書館を巡る 進化する叡智の神殿』『MARVEL BY DESIGN マーベル・コミックスのデザイン』などがある。カナダ、バンクーバー在住。

# 真《しん》珠《じゅ》湾《わん》諜《ちょう》報《ほう》戦《せん》秘《ひ》録《ろく》

**日本軍《にほんぐん》スパイとアメリカ軍日系人《ぐんにっけいじん》情報《じょうほう》部員《ぶいん》の知《し》られざるたたかい**

●

2024年10月31日　第1刷

著者…………マーク・ハーモン／レオン・キャロル・ジュニア

訳者…………ヤナガワ智予《ともよ》

装幀…………一瀬錠二（Art of NOISE）

発行者…………成瀬雅人

発行所…………株式会社原書房

〒160-0022 東京都新宿区新宿 1-25-13
電話・代表 03（3354）0685
http://www.harashobo.co.jp
振替・00150-6-151594

印刷…………新灯印刷株式会社
製本…………東京美術紙工協業組合


ISBN978-4-562-07471-6, Printed in Japan